实用软件高级应用实验指导书
（第2版）

李　慧　郁洪波　高明芳

樊　宁　毕　野　杨　玉　张明霞　陈云平　胡文彬　编著

電子工業出版社.
Publishing House of Electronics Industry
北京•BEIJING

内 容 简 介

本书是《实用软件高级应用教程（第 2 版）》的配套实验指导与习题集，分为实验指导、习题解析和自测习题，以及近两年的全国计算机等级考试（二级）——MS Office 高级应用真题。实验指导部分包括 18 个实验，每个实验都给出了操作提要；习题解析部分选取有代表性的知识点进行详细讲解；自测习题部分可以供学习者进行自我测试。实验指导部分主要介绍 Word、Excel、PowerPoint、Access 和 Photoshop 这 5 个实用软件的基本操作，融合了历年全国计算机等级考试（二级）——MS Office 高级应用的操作知识点；习题解析部分收录和讲解了全国计算机等级考试（二级）——MS Office 高级应用中常考的理论考点。读者可登录华信教育资源网免费下载本书的教学资源。

本书既可作为非计算机专业计算机公共课程教材，也可作为全国计算机等级考试（二级）——MS Office 高级应用的指导用书。

图书在版编目（CIP）数据

实用软件高级应用实验指导书 / 李慧等编著. —2 版. —北京：电子工业出版社，2020.11
ISBN 978-7-121-39695-3

Ⅰ. ①实… Ⅱ. ①李… Ⅲ. ①应用软件－高等学校－教学参考资料 Ⅳ. ①TP317

中国版本图书馆 CIP 数据核字（2020）第 185509 号

责任编辑：杜　军　　　　特约编辑：田学清
印　　刷：北京捷迅佳彩印刷有限公司
装　　订：北京捷迅佳彩印刷有限公司
出版发行：电子工业出版社
　　　　　北京市海淀区万寿路 173 信箱　　　　邮编：100036
开　　本：787×1092　　1/16　　印张：13.75　　字数：352 千字
版　　次：2018 年 7 月第 1 版
　　　　　2020 年 11 月第 2 版
印　　次：2023 年 2 月第 5 次印刷
定　　价：39.00 元

前　言

随着办公自动化应用研究的不断推进，以及高校创新创业教育改革的逐步深化，计算机应用已经深入各行各业，社会信息化不断向纵深方向发展。为了顺应社会信息化进程的变化，在大学计算机基础教育中实施分级分类教学势在必行。本书在大学计算机基础教学的基础上强化工程训练，注重提高学生综合应用和处理复杂办公事务的能力，突出解决问题的方法分析与拓展，让学生能学以致用。

本书根据教育部高等学校大学计算机课程教学指导委员会关于大学计算机基础课程教学基本要求，按照 2021 年全国计算机等级考试（二级）对 Office 操作环境的最新要求（要求使用 Office 2016 作为考试的操作环境），结合新形势下培养创新创业型人才的需要及教学实践的具体情况编写而成，主要包括 Word 2016、Excel 2016、PowerPoint 2016、Access 2016 及 Photoshop CS6 的高级应用技术。

1．本书特色

❖　**以计算机等级考试为导向**

在编写本书之前，江苏海洋大学实用软件高级应用课程组已经将全国计算机等级考试（二级）中关于 MS Office 高级应用的历年真题进行了详细剖析，罗列出历年试题的所有考点，并对相似考点进行汇总合并，最后整合到后续的所有实验中。这样一来，通过本书的实验操作，就可以掌握历年全国计算机等级考试（二级）中出现的关于 MS Office 的所有考点，真正贯彻以计算机等级考试为导向的教育理念。

❖　**完善的体系架构**

Office 2016 已经成为主流的办公自动化软件之一，熟练掌握 Office 的相关操作对提升办公自动化效率及通过全国计算机等级考试（二级）——MS Office 高级应用具有决定性的作用。但是作为大学计算机公共基础教学的教材，如果仅仅局限于 Office 操作和计算机等级考试的内容又过于简单和单一，因此，如何构建完整而又实用的课程体系，是江苏海洋大学实用软件高级应用课程组一直在思考和探索的问题。作为全校非计算机专业的公共基础课程，既要考虑课程开设内容的深度与广度，又要考虑课程的实用性与推广性，需要从专业实际需求出发，构建一套适合全校非计算机专业的公共基础课程体系。Office 操作可以提升学生对文档编辑、图表处理、文稿演示等方面的技能。但是学生除了需要掌握 Office 高级应用的能力，还应该了解一些数据库操作的基础知识，这样有利于学生深入理解信息系统的完整体系结构，并且有助于拓展学生的计算思维。此外，学生在学习和生活中经常会遇到图像处理问题，因此掌握一些必备的图像处理软件的使用技能也是非常有必要的。目前，现有的教材都比较单一，无法将这些内容全部整合起来。通过大量的调研和考证，江苏海洋大学实用软件高级应用课程组最终确定了以计算机等级考试内容为主，以提升学生综合应用能力为辅的课程体系架构，在 Office 2016 常用办公软件的基础上，又扩充了 Access 2016 及 Photoshop CS6 的操作指导，真正做到了基于计算机等级考试内容又高于计算机等级考试内容的教育理念。

❖　理论与实践相结合

本书大多数知识点都配以实例讲解，图文并茂，提供了操作素材，读者可以对照书中的操作步骤进行练习。通过实际操作，读者可以逐步理解相关知识与原理。

2．本书结构

本书分为 Word 应用、Excel 应用、PowerPoint 应用、Access 应用、Photoshop CS6 应用、Office 综合实验、公共基础知识、计算机基础知识、Microsoft Office 高级应用、Access 数据库基础、自测习题及历年真题。其中，Word 应用部分主要介绍了表格和图文混排、长文档编辑，以及邮件合并与文档审阅等内容；Excel 应用部分主要介绍了 Excel 2016 有关的基本操作、数据管理和图表化、常用函数和公式的使用，以及复杂函数和公式的使用等内容；PowerPoint 应用部分主要介绍了 PowerPoint 2016 有关的基本操作，以及幻灯片中动画技术和多媒体技术的使用等内容；Access 应用部分主要介绍了表和数据库的基本操作，以及关系数据库标准语言 SQL 和数据查询等内容；Photoshop 应用部分主要介绍了 Photoshop CS6 的基本操作、选区的基本操作、图层、蒙版和图像颜色调整等内容。

3．面向对象

本书既可以作为管理、财经、信息等非计算机专业的教材或教学参考用书，也可以作为办公自动化培训教材及自学考试相关科目的辅导读物，还可以供学习 Office 实用技术、提高计算机操作技能的人员参考。

本书由江苏海洋大学实用软件高级应用课程组策划，由李慧、郁洪波、高明芳、樊宁、毕野、杨玉、张明霞、陈云平和胡文彬编著。因时间仓促和水平有限，书中难免存在不足之处，欢迎广大读者批评指正。

编著者

2020 年 3 月

目录

Word 表格和图文混排

一、实验目的

1. 掌握表格的制作与编辑；
2. 掌握文本框、文档部件和艺术字的使用方法；
3. 掌握图形、图像对象的编辑和处理；
4. 掌握符号与数学公式的输入和编辑方法。

二、实验内容

1. 打开素材文件夹中的文档"W1_素材.docx"，将其另存为"W1-学号-姓名.docx"，之后所有的操作均基于此文档，效果见样张。

2. 删除文档中的所有空格和空行。

【提示】

删除空格的操作与步骤如下。

（1）选择"开始"→"替换"命令，打开"查找和替换"对话框。

（2）在"替换"选项卡的"查找内容"文本框中输入"^w"（也可以插入"特殊格式"中的"空白区域"符号）。

（3）在"替换为"文本框中不输入任何字符。

（4）单击"全部替换"按钮，直到显示"Word 已完成对文档的搜索并已完成 0 处替换"，如图 1-1 所示。

图 1-1 使用"查找和替换"对话框删除空格

删除空行的操作步骤如下。

　　（1）选择"开始"→"替换"命令，打开"查找和替换"对话框。

　　（2）在"替换"选项卡的"查找内容"文本框中输入"^p^p"（也可以两次插入"特殊格式"中的"段落标记"符号）。

　　（3）在"替换为"文本框中输入"^p"。

　　（4）单击"全部替换"按钮（见图1-2）。如果空行较多，就多执行几次替换，直到显示替换了0处。

图1-2　使用"查找和替换"对话框删除空行

　　【注意】若文档中的换行是软回车控制的（显示标记为向下的箭头），则可在"查找内容"文本框中输入"^l"，在"替换为"文本框中输入"^p"，然后执行替换。

　　3．在文档的开始处插入一个"奥斯汀引言"文本框，将第1页中"高新技术企业认定管理办法"之前的所有文本移到该文本框中，要求文本框的内部边距分别为左、右各1厘米，上0.5厘米，下0.2厘米，为其中的文本进行适当的格式设置，以使文本框高度不超过12厘米，结果可参考"实验一"文件夹中的"示例1.jpg"。

　　【提示】

　　（1）选择"插入"→"文本框"命令，在"内置"类型中选择"奥斯汀引言"选项。

　　（2）把第1页中第10行"高新技术企业认定管理办法"之前的所有文本剪切并粘贴到该文本框中。

　　（3）选择文本框，单击鼠标右键，在弹出的快捷菜单中选择"其他布局"命令，在"布局"对话框中选择"文字环绕"选项卡，然后设置文本框边距，如图1-3所示。

图1-3　"布局"对话框

（4）设置适当的字体、大小及段落格式，使文本框高度不超过 12 厘米。

4. 将第 1 页中的文字"高新技术企业认定管理办法"修改成艺术字，设置成"倒 V 形"，深红色字，并加上红色双波浪线边框。

【提示】

（1）选中文字"高新技术企业认定管理办法"，然后单击"插入"→"艺术字"下拉按钮，任选一种艺术字样式，在"绘图工具"的"格式"上下文选项卡中单击"艺术字样式"选项组的"文本效果"下拉按钮，选择"转换"→"弯曲"→"倒 V 形"命令，如图 1-4 所示。

（2）选中"高新技术企业认定管理办法"艺术字中的文字，在"绘图工具"的"格式"上下文选项卡的"艺术字样式"选项组中单击"文本填充"下拉按钮，选择的颜色为"深红"。

（3）选中艺术字，单击"开始"选项卡中"段落"选项组的"边框和底纹"按钮，打开"边框和底纹"对话框，选择"边框"选项卡，在"设置"中选择"方框"选项，在"样式"列表框中选择"双波浪线"选项，在"颜色"下拉列表中选择"红色"选项，在"应用于"下拉列表中选择"段落"选项，然后单击"确定"按钮，如图 1-5 所示。

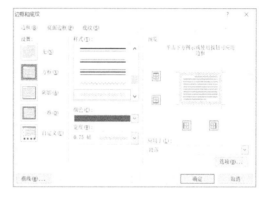

图 1-4 选择"转换"→"弯曲"→"倒 V 形"命令　　　　图 1-5 "边框和底纹"对话框

5. 在标题段落"附件 3：高新技术企业证书样式"的下方插入图片"附件 3 证书.jpg"，环绕方式选择为"上下型"，图片左右居中对齐，距正文上下之间的距离均为 0.5 厘米，图片高 8 厘米、宽 12 厘米。图片样式为"剪去对角，白色"，颜色为"褐色"。

【提示】

（1）选择"插入"→"图片"命令，选中"实验一"文件夹中的"附件 3 证书.jpg"文件，单击"插入"按钮。

（2）选中插入的图片，单击鼠标右键，在弹出的快捷菜单中选择"环绕文字"→"四周型"命令，如图 1-6 所示。

（3）选中图片，在"图片工具"的"格式"上下文选项卡中选择"位置"→"其他布局选项"命令，在打开的"布局"对话框中选择"文字环绕"选项卡，设置图片环绕方式为"上下型"，将"距正文"选项组中的"上""下"数值框均设置为"0.5 厘米"。

（4）单击"图片工具"的"格式"上下文选项卡中"图片样式"选项组右下角的"其他"按钮，展开图片样式窗口。选择图片样式为"剪去对角，白色"，如图 1-7 所示。

（5）单击"图片工具"的"格式"上下文选项卡中"调整"选项组的"颜色"下拉按钮，

选择"重新着色"→"褐色"命令。

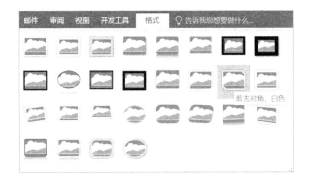

图 1-6　选择不同布局的方法　　　　　　　图 1-7　图片样式

【注意】图片的布局还有"嵌入型""四周型""浮于文字上方"等，可以用一张图片尝试验证不同布局的效果。

6．将标题段落"附件2：高新技术企业申请基本流程"下的绿色文本参照其上方的样例转换成布局为"分段流程"的 SmartArt 图形，适当改变其样式和颜色，加大图形的高度和宽度，将第二级文本的字号统一设置为 6.5 磅，图形中所有文本的字体设为"微软雅黑"，最后将多余的文本及样例删除。

【提示】

（1）将绿色文本复制到一个新的 PPT 文件中，选中绿色文本，单击鼠标右键，在弹出的快捷菜单中选择"转换为 SmartArt"→"其他 SmartArt 图形"命令（见图1-8），在弹出的窗口中选择"流程"→"分段流程"命令，然后单击"确定"按钮。对照样例图对标号为 1～8 的项降级。

图 1-8　文本转换为 SmartArt 图形

（2）选中 SmartArt 图形，选择"SmartArt 工具"→"设计"→"更改颜色"→"彩色"命令中的一种颜色。

（3）将 SmartArt 图形复制到 Word 中，选择"SmartArt 工具"→"格式"命令，设置 SmartArt 图形的宽度和高度。

（4）选中所有二级文本所在的文本框（按住 Ctrl 键），将"字体"设为"微软雅黑"，将"字号"并设为"6.5 磅"。

（5）删除绿色文本和样例图。

7．在标题段落"附件 1：国家重点支持的高新技术领域"的下方插入以图标方式显示的文档"附件 1 高新技术领域.docx"，将图标名称改为"国家重点支持的高新技术领域"，双击该图标可以打开相应的文档进行阅读。

【提示】

（1）选择"插入"→"对象"命令，在打开的对话框中选择"由文件创建"选项卡，单击"浏览"按钮，选择文件"附件 1 高新技术领域.docx"，勾选"显示为图标"和"链接到文件"复选框。

（2）单击"更改图标"按钮，将图标名称改为"国家重点支持的高新技术领域"，然后单击"确定"按钮。

8．将标题段落"附件 4：高新技术企业认定管理办法新旧政策对比"下面以连续符号"###"分隔的蓝色文本转换为一个表格，套用恰当的表格样式，在"序号"列插入自动编号 1, 2, 3,…，将表格中所有内容的字号设为小五号，并且在垂直方向居中。令表格与其上方的标题"新旧政策的认定条件对比表"占用单独的横向页面，并且表格与页面同宽，同时适当调整表格各列的列宽，结果可参考"实验一"文件夹中的"示例 2.jpg"。

【提示】

（1）选中所有蓝色文本，选择"插入"→"表格"→"文本转换成表格"命令，如图1-9 所示。打开"将文字转换成表格"对话框，选中"根据内容调整表格"单选按钮，在"文字分隔位置"选项组中选中"其他字符"单选按钮，在后面的文本框中输入"#"，然后单击"确定"按钮，如图1-10 所示。

图 1-9　"表格"下拉菜单

图 1-10　"将文字转换成表格"对话框

（2）参照"示例 2.jpg"选择一种表格样式。

（3）选中"序号"列，单击"开始"选项卡中"段落"选项组的"编号"下拉按钮，设置编号格式为阿拉伯数字，如图1-11 所示。

（4）选中标题"新旧政策的认定条件对比表"，单击"开始"选项卡中"段落"选项组右下角的按钮，在打开的"段落"对话框中选择"换行和分页"选项卡，勾选"与下段同页"复选框，单击"确定"按钮，如图 1-12 所示。

图 1-11　自动编号　　　　　　　　　　　　图 1-12　"段落"对话框

（5）选中表格，单击鼠标右键，在弹出的快捷菜单中选择"表格属性"命令，在"表格属性"对话框中将"度量单位"设置为"百分比"，将"指定宽度"设置为"100"，使表格与页面同宽，如图 1-13 所示。

（6）选中表格和标题，单击"布局"选项卡中"页面设置"选项组右下角的按钮，打开"页面设置"对话框，将"应用于"设置为"所选文字"，将"纸张方向"设置为"横向"，单击"确定"按钮，如图 1-14 所示。

图 1-13　"表格属性"对话框　　　　　　　　图 1-14　"页面设置"对话框

9. 文档的附件内容排列位置不正确，将其按 1，2，3，4 的顺序进行排列，但不能修改标题中的序号。

【提示】

（1）选中附件 2 到附件 4 的内容，单击"开始"选项卡中"段落"选项组的"排序"按钮。

（2）在打开的"排序文字"对话框中，将"主要关键字"选择为"段落数"，"类型"选择为“拼音”，选中“升序”单选按钮单击“确定”按钮，如图 1-15 所示。

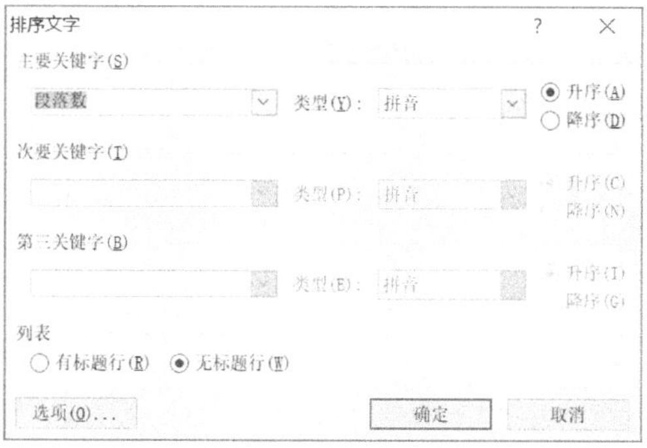

图 1-15　“排序文字”对话框

（3）调整附件 1 的图标，将 SmartArt 图形和获奖图片移到适当位置。

10．在文档的最后插入数学公式

$$s=\sqrt{\frac{x-y}{x+y}+\int_{-1}^{6}(\cos^2 x)\mathrm{d}x-\sum_{i=1}^{50}i_2}$$

【提示】选择“插入”→“公式”→“插入新公式”命令，在打开的“公式工具”→“设计”工具栏中按要求输入相应的公式。

11．在文档的最后插入课程表。课程表样张如图 1-16 所示。

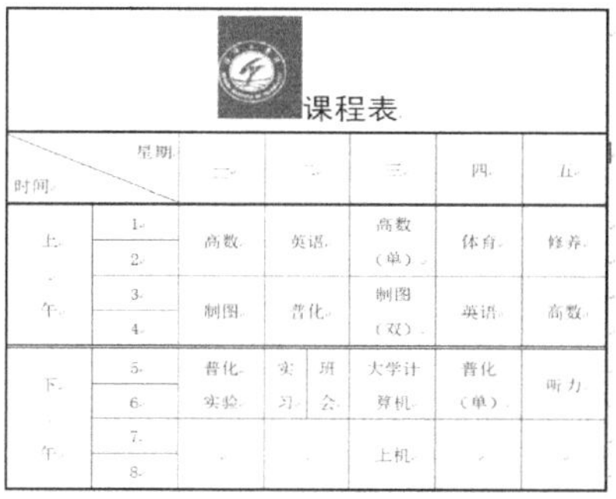

课程表						
星期 时间		一	二	三	四	五
上午	1 2	高数	英语	高数（单）	体育	修养
	3 4	制图	普化	制图（双）	英语	高数
下午	5 6	普化实验	实习 班会	大学计算机	普化（单）	听力
	7 8			上机		

图 1-16　课程表样张

【提示】

（1）选择“插入”→“表格”命令，插入一个 6 行 7 列的表格。

（2）根据课程表样例合并、拆分单元格。

（3）学校图标可以到学校网站查找。

（4）按要求设置边框线（注意单元格的选择）。

（5）输入文本并设置格式。

三、样张

样张如图 1-17 所示。

附件1：国家重点支持的高新技术领域

附件2：高新技术企业申请基本流程

附件3：高新技术企业证书样式

附件4：高新技术企业认定管理办法新旧政策对比

图 1-17　样张

新旧政策的认定条件对比表

序号	项目	国科发火(2008)172 号	国科发火(2016 32)号	差异
1	主体资格	在中国境内（不包括港、澳、台地区）注册一年以上的居民企业	企业申请认定时须注册成立一年以上	对申请企业的成立时间要求不变，只是表述和位置有变化
2	核心知识产权	在中国境内（不含港、澳、台地区）注册的企业，近三年内通过自主研发、受让、受赠、并购等方式，或通过五年以上的独占许可方式，对其主要产品（服务）的核心技术拥有自主知识产权	企业通过自主研发、受让、受赠、并购等方式，获得对其主要产品（服务）在技术上发挥核心支持作用的知识产权的所有权	对获取核心技术取消了"近三年"的时间限制，和"独占许可"的获取方式
3	产品范围	产品（服务）属于《国家重点支持的高新技术领域》规定的范围	对企业主要产品(服务)发挥核心支持作用的技术属于《国家重点支持的高新技术领域》规定的范围	强调主要产品（服务）的核心技术应属于高新技术
4	科技人员	具有大学专科以上学历的科技人员占企业当年职工总数的30%以上，其中研发人员占企业当年职工总数的10%以上	企业从事研发和相关技术创新活动的科技人员占企业当年职工总数的比例不低于10%	取消了对科技人员的学历占比限制
5	研发费用	企业为获得科学技术（不包括人文、社会科学）新知识，创造性运用科学技术新知识，或实质性改进技术、产品（服务）而持续进行的研究开发活动，且近三个会计年度的研究开发费用总额占销售收入总额的比例符合如下要求:1. 最近一年销售收入小于 5 000 万元的企业，比例不低于6% ……	企业近三个会计年度(实际经营期不满三年的按实际经营时间计算)不同的研究开发费用总额占同期销售收入总额的比例符合如下要求：1. 最近一年销售收入小于5 000 万元（含)的企业，比例不低于5% ……	对中小型企业的研发费用占比要求放宽为5%
6	高新收入	高新技术产品（服务）收入占企业当年总收入的60%以上	近一年高新技术产品(服务)收入占企业同期总收入的比例不低于60%	强调只对近一年的高新收入占比有要求
7	创新能力	企业研究开发组织管理水平、科技成果转化能力、自主知识产权数量、销售与总资产成长性等指标符合《高新技术企业认定管理工作指引》(另行制定)的要求	企业创新能力评价应达到相应要求	创新能力评价新规定尚未出台
8	安全和环保	无	企业申请认定前一年内未发生重大安全、重大质量事故或严重环境违法行为	新增条款，对企业的安全生产、质量控制、环境保护要求将会有更严格的要求

公式：

$$S = \sqrt{\frac{x-y}{x+y}} + \int_{-1}^{6}(cos^2 x)dx - \sum_{i=1}^{50} l_2$$

课程表：

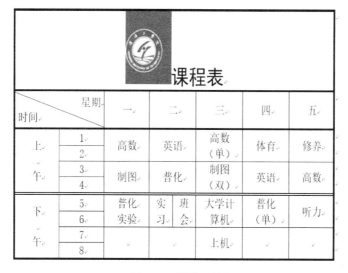

图 1-17　样张（续）

四、自测操作题

说明：此操作题来源于全国计算机等级考试（二级）——MS Office 高级应用真题。

《石油化工设备技术》杂志社编辑老马正在对一篇来稿进行处理，请利用素材文件夹下提供的相关素材、参考样例文档，按下列要求帮助老马对稿件进行修订与编排，最终的稿件不应超过 9 页。

1. 在素材文件夹下，将"Word 素材.docx"文件另存为"Word.docx"（".docx"为文件扩展名），后续操作均基于此文件，否则不得分。

2. 按照下列要求，对稿件的内容进行修改。

① 参考示例图 1，根据"图 1 ASME 法兰密封设计体系"上方表格中的内容绘制图形，令该绘图中的所有形状均位于一幅绘图画布中，画布宽度不大于 7.8 厘米、高度小于 6.9 厘米，之后删除原表格。

示例图 1

② 在"图 4　4 个上紧头工具同时上紧方案"上方的红色底纹标出的位置插入素材文件夹下的图片"图 4.jpg"，缩放为原大小的 70%，将其上方的紫色文本作为图片的注释，以独立文本框的形式放置在图片第二排圆形的右侧（效果可参考素材文件夹中的"图 4 示例.jpg"），令其始终与图片锁定在一起（提示：可以将图形和文本框组合）。

③ 参考示例图 2，在"4.3.1 理论计算公式"下方红色底纹标出的位置以内嵌方式插入公式。

$$T = \frac{F}{2}\left(\frac{p}{\pi} + \frac{\mu_t d_2}{\cos \beta} + D_e \mu_n\right)$$

示例图 2

④ 在"表 1　螺栓预紧应力表"下方的红色底纹标出的位置插入 Excel 对象"表 1-螺栓预紧应力表.xlsx"中 B2:H29 单元格区域的数据内容，要求插入的表格高为 11.4 厘米、宽为 6.85 厘米、包含原格式，且在 Excel 中的修改可及时更新到 Word 文档中。

【提示】选中 Excel 表中 B2:H29 单元格区域进行复制。切换到 Word 中，选择菜单栏中的"开始"→"粘贴"→"选择性粘贴"命令。在弹出的对话框中选中"粘贴链接"单选按钮，在"方式"列表框中选择"Microsoft Office Excel 工作表对象"选项，单击"确定"按钮。

⑤ 将素材文件夹中标注"表2　紧固方法和载荷控制技术选择"下方以逗号分隔的紫色文本转换为一个表格，套用一个表格样式，令其始终与页面等宽，且表格中的文本垂直和水平方向均居中排列。

3．按照下列要求，对稿件的页面布局进行设置。

① 纸张为 A4 大小，对称页边距，上边距为 2.5 厘米、下边距为 2 厘米，内侧边距为 2.0 厘米、外侧边距为 1.5 厘米，装订线为 1 厘米，页眉和页脚距边界均为 1.0 厘米。

② 自"关键词"所在段落之后将文档分为等宽两栏，其中图 4、图 5、表 2 及其题注不分栏。最后一页内容无论多少均应平均分为两栏排列。

【提示】可分段选择设置"分栏"。

③ 插入格式为"-1-、-2-"、整篇文档起始值为 15 且连续页码，页码位置及页眉内容按如下表的要求进行添加，其中文档的各种属性已经提前设置好，不得自行修改中间内容。

页 眉 位 置	左 侧 内 容	中 间 内 容	右 侧 内 容
首页	文档的主题属性		两行文本，内容为"石油化工设备技术，2016，37（4）Petro-ChemicalEquipmentTechnology"
偶数页	页码	文档的主题属性	文档的备注属性
奇数页	文档的备注属性	文档的作者，文档的标题属性	页码

【提示】在"插入"→"文档部件"→"文档属性"中查找对应内容。

实验二

Word 长文档编辑

一、实验目的

1．掌握长文档中多级列表的设置方法；
2．掌握题注和交叉引用的设置方法；
3．掌握脚注、尾注和索引项的使用；
4．掌握长文档中目录的设置方法；
5．掌握分页和分节的概念及使用。

二、实验内容

1．打开素材文件夹中的文档"W2_素材.docx"，按照以下要求操作，最终以"W2-班级-学号.docx"为文件名保存，效果如样张所示。

2．书稿中包含 3 个级别的标题，分别用"（一级标题）""（二级标题）""（三级标题）"字样标出。按照如图 2-1 所示的要求对书稿应用样式、多级列表，并对样式和格式进行相应的修改。

内容	样式	格式	多级列表
所有用"（一级标题）"标识的段落	标题1	小二号字、黑体、不加粗、段前为1.5行、段后为1行、行距最小值为12磅、居中	第1章，第2章，…，第n章
所有用"（二级标题）"标识的段落	标题2	小三号字、黑体、不加粗、段前为1行、段后为6磅、行距最小值为12磅	1-1，1-2，2-1，2-2，…，n-1，n-2
所有用"（三级标题）"标识的段落	标题3	小四号字、宋体、加粗、段前为12磅、段后为6磅、行距最小值为12磅	1-1-1，1-1-2，…，n-1-1，n-1-2，且与二级标题缩进位置相同
除上述 3 个级别标题外的所有正文（不含图表及题注）	正文	首行缩进 2 个字符、行距为1.25倍、段后为6磅、两端对齐	

图 2-1　段落格式要求

【提示】

（1）选择"样式"选项组中的"标题1"样式，单击鼠标右键，在弹出的快捷菜单中选择"修改"命令，在弹出的对话框中按标题1的格式要求修改一级标题的样式。按同样的方法，修改二级标题、三级标题、正文的样式。

（2）将文中所有用"（一级标题）"标识的段落设为"标题1"，将所有用"（二级标题）"标识的段落设为"标题2"，将所有用"（三级标题）"标识的段落设为"标题3"。

（3）选中所有"一级标题"，单击"段落"选项组中的"多级列表"下拉按钮，选择"定义新的多级列表"命令，打开"定义新多级列表"对话框，在"输入编号的格式"文本框中输入"第1章"，在"此级别的编号样式"下拉列表中选择"1,2,3,…"样式，单击"更多"按钮，将"将级别链接到样式"设为"标题1"，将"要在库中显示的级别"设为"级别1"，单击"确定"按钮，如图 2-2 所示。

（4）选中所有"二级标题"，用同样的方法进行设置。

（5）选中所有"三级标题"，用同样的方法进行设置。

【注意】如有编号错误，可以选中编号，单击鼠标右键，在弹出的快捷菜单中选择"设置编号值"命令，如图2-3所示。

图2-2　"定义新多级列表"对话框　　　　　图2-3　选择"设置编号值"命令

3．样式应用结束后，将书稿中各级标题文字后面括号中的提示文字与括号"（一级标题）""（二级标题）""（三级标题）"全部删除。

4．如果书稿中有若干表格及图片，可分别在表格上方和图片下方的说明文字左侧添加形如"表1-1""表2-1""图1-1""图2-1"的题注。其中，连字符"-"前面的数字代表章号，"-"后面的数字代表图表的序号，各章节的图和表分别连续编号。添加完毕后，将样式"题注"的格式修改为仿宋、小五号字、居中。

【提示】

（1）把鼠标光标定位在表格上方标题的左侧，单击"引用"→"插入题注"按钮，在弹出的"题注"对话框中单击"新建标签"按钮。

（2）在"新建标签"对话框的"标签"文本框中输入"表"，并单击"确定"按钮，如图2-4所示。单击"编号"按钮，在弹出的"题注编号"对话框中将"格式"设置为"1,2,3，…"，勾选"包含章节号"复选框，在"章节起始样式"下拉列表中选择"标题1"选项，在"使用分隔符"下拉列表中选择"-（连字符）"选项，然后单击"确定"按钮，如图2-5所示。再次单击"确定"按钮。

图2-4　"新建标签"对话框　　　　　图2-5　"题注编号"对话框

（3）在"开始"选项卡的"段落"选项组中设置文字居中对齐，修改"题注"格式（可以在样式库中找到"题注"样式，单击鼠标右键，在弹出的快捷菜单中选择"修改"命令），设置字体格式为仿宋、小五号、居中。

5．在书稿中用红色标出文字的适当位置，为表格和图片设置自动引用其题注号。

【提示】单击"插入"选项卡中"链接"选项组的"交叉引用"按钮。在"引用类型"下拉列表中选择"表"选项，在"引用内容"下拉列表中选择"只有标签和编号"选项，如图 2-6 所示。

6．在书稿的最前面插入目录，要求包含一级标题、二级标题、三级标题及其对应的页码。目录、书稿的每章均为独立的一节，每节的页码均以奇数页为起始页码。

【提示】

（1）将鼠标光标定位在书稿的最前面，单击"引用"选项卡中"目录"选项组的"目录"下拉按钮，选择"插入目录"命令，设置"显示级别"为"3"，单击"确定"按钮即可插入目录，如图 2-7 所示。

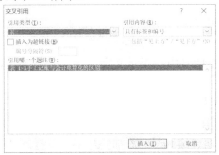
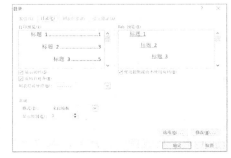

图 2-6　"交叉引用"对话框　　　　　　　图 2-7　"目录"对话框

（2）在目录与第 1 章之间插入分节符，各章之间同样插入分节符。

将鼠标光标定位到要插入分节符的位置，然后选择"布局"→"页面设置"→"分隔符"→"分节符"→"奇数页"命令。

7．目录与书稿的页码分别独立编排，目录页码使用大写罗马数字（I，II，III，…），书稿页码使用阿拉伯数字（1，2，3，…），且各章节之间连续编码。除目录首页和每章首页不显示页码外，其余页面要求奇数页页码显示在页脚右侧，偶数页页码显示在页脚左侧。

【提示】

（1）双击目录页的页脚位置，进入"页眉页脚"编辑状态，勾选"首页不同"复选框，将鼠标光标放到目录第二页的页脚位置，选择"设计"→"页眉和页脚"→"页码"→"页面底端"→"普通数字 2"命令，在页面底端插入页码，然后选择"设置页码格式"命令。在"页码格式"对话框的"编号格式"下拉列表中选择大写罗马数字"I, II, III，…"，在"页码编号"的"起始页码"中选中"I"。使用相同的方法设置书稿的页码。需要注意的是，在"编号格式"下拉列表中选择阿拉伯数字"1，2，3，…"。

（2）设置其他各章页码。每章在设置时，在"选项"选项组中，勾选"首页不同""奇偶页不同""显示文档文字"3 个复选框，首页页码不设置，分别插入奇数页和偶数页的页码，注意设置前要取消"链接到前一条页眉"的选中状态，如果页码不对，则可以通过"设置页码格式"修改，设置"起始页码"为"1"，如图 2-8 所示。

（3）由于分节的原因，每节起始位置的页码可能会变为1。选中除第 1 章外的各章的起始页码，选择"插入"→"页码"→"设置页码格式"命令，打开"页码格式"对话框，选中"续前节"单选按钮，如图2-9所示。

图2-8 "页码格式"对话框（一）

图2-9 "页码格式"对话框（二）

8. 将"实验二"文件夹中"项目符号列表.docx"文档的"项目符号列表"样式复制到"W2_素材.docx"中，并应用于第1页中文字"1. 相同点"下方的项目符号列表。

【提示】

（1）打开要复制样式的文档，单击"开始"→"样式"组右下角的按钮，打开"样式"窗格，如图2-10所示。

（2）单击"样式"窗格底部的"管理样式"按钮，弹出"管理样式"对话框，如图2-11所示。

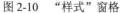

图2-10 "样式"窗格

图2-11 "管理样式"对话框

（3）单击"导入/导出"按钮，打开"管理器"对话框，如图2-12所示，单击"样式"选项卡，左侧区域显示的是当前文档中所包含的样式列表，右侧区域则显示默认文档模板中所包含的样式列表。

图 2-12　"管理器"对话框

（4）单击右侧的"关闭文件"按钮，此时该按钮会变成"打开文件"按钮，继续在"管理器"对话框中单击"打开文件"按钮。

（5）在弹出的"打开"对话框中，首先展开"文件类型"下拉列表，从中选择"Word 文档(*.docx)"选项，然后在"素材"文件夹中选择要打开的文件，这里选择的文件是"项目符号列表.docx"，最后单击"打开"按钮。

（6）选择右侧"项目符号列表.docx"样式列表中的"项目符号列表"，单击"复制"按钮即可将所选样式复制到当前文档中。最后单击"关闭文件"按钮。

9．将文档中的所有脚注转换为尾注，并使其位于每节的末尾。

【提示】

（1）单击"引用"选项卡中"脚注"选项组右下角的按钮，打开"脚注和尾注"对话框。

（2）在"位置"选项组中，将"脚注"设置为"页面底端"，然后单击"转换"按钮，选择"将脚注全部转换为尾注"选项，单击"确定"。将"尾注"设置为"节的结尾"，然后在"将更改应用于"下拉列表中选择"整篇文档"选项，单击"插入"按钮，如图 2-13 所示。

10．将文档中所有的文本"ABC 分类法"都标记为索引项；删除文档中文本"供应链"的索引项标记；更新索引。

【提示】

（1）单击"开始"→"查找"按钮，查找文本"ABC 分类法"。

（2）找到一个"ABC 分类法"后，选择"引用"→"索引"→"标记索引项"命令，然后单击"标记全部"按钮，如图 2-14 所示。

图 2-13　"脚注和尾注"对话框

图 2-14　"标记索引项"对话框

（3）单击“开始”→“查找”按钮，查找“供应链”的索引项标记，然后将其删除。
（4）选中索引表，单击“引用”→“更新索引”按钮。

三、样张

样张如图 2-15 所示。

目录

第1章 了解会计电算化与财务软件

现在是信息化的时代，名称术语满天飞，几天就会变换出新的花样来，令人目不暇接。

于是总会有人问我，什么是会计电算化？它和财务软件有什么区别？抑或是有什么联系？“会计电算化”似乎是一个常人不容易触及的高深领域。可是考取会计证时有一门功课就叫“会计电算化”，于是吓看了许多想要入门者。

其实，所谓的“会计电算化”只不过是通过财务软件实现电脑记账的“官方”术语罢了。

阅读本书可以使你快速成为一个会计电算化方面的高手。

1-1 什么是会计电算化

会计电算化是把电子计算机和现代数据处理技术应用到会计工作中的简称，是用电子计算机代替人工记账、算账和报账，以及部分代替人脑完成对会计信息的分析、预测、决策的过程，其目的是提高企业财会管理水平和经济效益，从而实现会计工作的现代化。

会计信息系统 其实就是用财务软件代替手工记账而已。会计电算化也是当前工业与信息化融合的典范，随着全面信息化时代的到来，会计的电算化、信息化程度也必将越来越高。

财务软件就是实现会计电算化的最重要的工具之一，当然，除此之外还需要人。没有了人的操作，财务软件也不会自动工作。所以，只要有了一款合适的财务软件，再有了你——一个会计或希望成为一个会计的人，我们就可以实现理想中的“会计电算化”了。

- 流程相同，业务核算的流程基本是相同的，从建账开始，一直到出具报表。
- 档案保管方式相同，无论是手工记账产生的凭证和账簿，还是电算化软件生成的数据，均需要按规定保管。

2. 不同点

尽管手工记账与会计电算化有诸多相同之处，但它们的区别还是十分明显的。手工记账与会计电算化的区别如表 1-1 所示。

表 1-1 手工记账与会计电算化的区别

项目	手工记账	会计电算化
使用的工具不同	算盘、计算器、笔	计算机、财务软件
信息格式及载体不同	固定格式的账簿	打印并自行装订的账簿、存放在软盘或硬盘的电子文件
记账规则不尽相同	使用固定格式的账簿记账，更正错误有划线更正法、红字冲销法、蓝字补记法，空白账页需要划销	打印出的账页需自行装订，不能划线更正，已记账的凭证数据不能更改，只可红字冲销或蓝字补记
数据处理过程不同	根据凭证记账后，需要人工进行账证、账账、账表核对等各项对账结账工作	录入凭证后，由程序进行各种勾稽关系的核对，自动对账结账出报表
组织体制、人员分工不同	明细账、日记账、总账由不同岗位人员按照不同的科目，分别在不同的账册上加以记录，专人负责制作报表	人员分工发生变化，只需要设置凭证录入、审核、数据维护等岗位，后续工作全部自动化，无须专人负责，增加了计算机软硬件维护人员。
效率不同	工作周期长、速度慢、效率低	速度快、质量高、便于查阅信息

1-2 初识好朋友

如果要问哪款财务软件被用得最多，我想大概要数好朋友财务软件系列了。好朋友财务软件应该是我国早期的一批电算化软件之一，因而被广大财务人员所熟知。如果你去一个地方应聘财务，被问到会不会好朋友是常有的事。

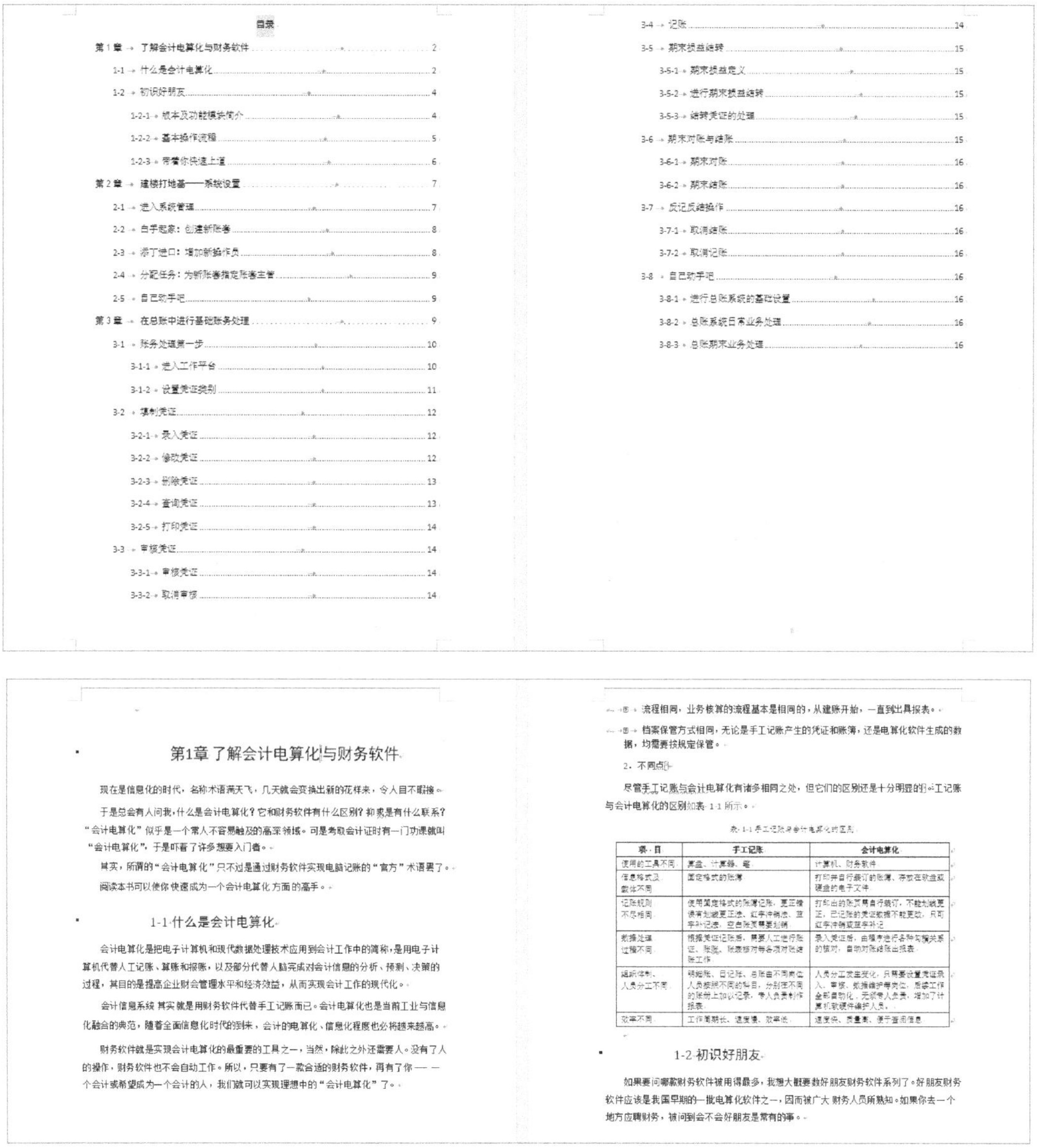

图 2-15 样张

第四步：进入企业应用平台，进行初始设置。

第五步：启用具体模块，进行初始设置和日常业务处理。

第六步：进入总账系统，进行日常业务处理。

第七步：对账结账。

第八步：生成报表。

分节符(奇数页)

［张三，2010，189 页］

［李四，2012，456 页］

［王五，2009，55 页］

［王五，2009，54］页］

第2章 建楼打地基——系统设置

从这一章开始，我们将进入系统如何使用好朋友 U8 的过程，无论是好朋友的哪个版本。首次使用好朋友进入系统管理中进行相应的设置。之后一些具体的操作往往需要系统管理中进行。比较来说，系统管理就好朋友 U8 的工作根基，只有系统管理运行正常，其他功能才能正常发挥作用。

2-1 进入系统管理

我们以在 Windows XP 系统下安装好朋友为例，启动系统管理的方法如下。

步骤1：依次打开"开始"→"所有程序"→"好朋友 ERP-U872"→"系统服务"菜单。

一样事。增加我对分工细致、明细科目多的企业何尝不是如此，如果对账结果不正确，就必须减少灾性管理的误差提个环节出了问题，首先就先想想下一步的工作；如果是账结果不正确，那么就先得生成正确的报表，下个月的工作性继续不正确。

而因会计电算化之后，对账和结账变得十分简单，甚至可以不单独做这些工作。这是因为，改易入凭证，记账过程中，系统自动会进行了各种校核提示等的平衡，并且在真正记账时，系统还会先自动进行对账和结账平衡。

不过，在好朋友 U8 中，每个月月末结账是必须进行的操作，否则下个月令不允许记账。

3-6-1 期末对账

记账后结账前，可以进行一下期末对账和试算平衡，以检验账的正确性，以备结账。

对账的具体操作步骤如下。

3-6-2 期末结账

结账只能每月进行一次，已结账月份不能再填制凭证。

记账和结账，就可以进行某一会计期间的最后一项工作——结账，只有经过本期结账，才能进行下期记账和结账，如果某个月月末没有结账，那么下个月是断的也可以被录入凭证，但不允许记账。

下面我们以 0012 地和平的身份登录来执行结账操作，结账的具体操作步骤如下。

3-7 反记反结操作

账务处理过程中出现错误，遇情总是会尽量准确的，在传统的手工记账过程中，凭证是已经结账，但是就只能够下个月进行冲销或这么算了，但在会计电算化处理过程中，可以进行取消记账和结账，然后重新对账凭证证进行修改，而这一过程通常通过称之为"反记反结"操作。

3-7-1 取消结账

下面，我们对前述已结结账的 1 月的账目取消结账。

在"结账交界面"中，按[Ctrl+Shift+F6]键即可进行反结账。

3-7-2 取消记账

自己记账自己取消，别人必须这个权限，即便他要取消我费真，也先要取消记账的前，首先要以记账的操作员身份设置数据库，确定是，我们需修改前把确认 0012 号和平子进行登录的。

3-8 自己动手吧

对 002 广告业务账及其操作如下列提供操作。

3-8-1 进行总账系统的基础设置

3-8-2 总账系统日常业务处理

3-8-3 总账期末业务处理

参考书目

李四（2012）. 生产与运作管理. 华北大学出版社

马京（1999）. 物流管理概论. 工业出版社

王五（2009）. 采购与供应链管理. 东方大学出版社

文博（2013）. 制造企业革新识. 管理出版社

齐京（2009）. 基于本销生产方式的制造执行系统. 物流工程, 7, 12-15.

张三（2010）. 供应链管理与服务. 物资出版社

专业词汇索引

分节符(连续)

图 2-15 样张（续）

四、自测操作题

说明：此操作题来源于全国计算机等级考试（二级）——MS Office 高级应用真题。

在某学术期刊杂志社实习的李楠，需要对一份调查报告进行美化和排版。按照如下要求，帮助她完成此项工作。

1．打开"Word_素材.docx"文件，将其另存为"Word.docx"（".docx"为扩展名），之后所有的操作均基于此文件，否则不得分。

2．插入"边线型"封面，效果可参见素材中的"封面参考效果.png"图片，将文档开头的文本移至对应的占位符中，并删除多余的占位符。如果占位符无法达到示例效果，可使用文本框。

3．将素材文件"文档样式.docx"中的样式复制到当前文档。

4．为文档的各级标题添加可以自动更新的多级编号，具体要求如下表所示。

标题级别	编号格式要求
标题 1	编号格式：第一章，第二章，第三章,… 编号与标题内容之间用空格分隔 编号对齐左侧页边距
标题 2	编号格式：1.1, 1.2, 1.3,… 根据标题 1 重新开始编号 编号与标题内容之间用空格分隔 编号对齐左侧页边距
标题 3	编号格式：1.1.1, 1.1.2, 1.1.3,… 根据标题 2 重新开始编号 编号与标题内容之间用空格分隔 编号对齐左侧页边距

【提示】因标题 1 的编号用大写，标题 2 和标题 3 的编号用小写，在设置标题 2 和标题 3 的编号时应勾选"使用正规编号"复选框。

5．请根据如下要求创建表格。

① 将标题 3.1 下方的绿色文本转换为 3 列 16 行的表格，并根据窗口自动调整表格的宽度，调整各列为等宽。

② 为表格应用一种恰当的样式，取消表格第 1 列的特殊格式，将表格中的文字颜色修改为黑色并水平居中对齐。

6．根据如下要求修改表格。

① 在标题 3.4.1 下方，调整表格各列的宽度，使标题行中的内容可以在一行中显示。

② 对表格进行设置，以便在表格跨页的时候，标题行可以自动重复显示（**提示：使用"表格"→"工具"→"布局"→"重复标题行"命令设置**），将表格中的内容水平居中对齐。

③ 在表格最后一行的两个空单元格中，自左至右使用公式分别计算企业的数量之和与累计的百分比之和，结果都保留整数。

【提示】使用"表格工具"→"布局"→"公式"→"SUM(ABOVE)"命令来完成，可将此窗口内设置的结果都保留整数。

7．根据标题 4.5 下方表格中的数据创建图表，参考素材文件夹中的"语种比例.png"图片，设置图表类型、图表边框、第二绘图区所包含的项目、数据标签、图表标题和图例，创建图表后删除原来的表格。

【提示】设置第二绘图区包含的内容，选中系列，单击鼠标右键，在弹出的快捷菜单中选择"设置系列格式"命令，系列分隔依据"位置"，第二绘图区中的值设为"6"。

8．根据标题 5.1.7 下方表格中的数据创建图表，将参考素材文件夹中的"兼职情况.png"图片，设置图表类型、图表边框、网格线、分类间距、图表标题和图例，创建图表后删除原来的表格。

【提示】设置系列无间距，选中系列，单击鼠标右键，在弹出的快捷菜单中选择"设置系列格式"命令，然后将分类间距设为0。

9．修改文档中两个表格下方的题注，使其可以自动编号，样式为"表 1，表 2，…"；修改文档中 3 个图表下方的题注，使其可以自动编号，样式为"图 1，图 2，…"；并将以上表格和图表的题注都居中对齐。

10．将文档中表格和图表上方用黄色突出显示的内容替换为可自动更新的交叉引用，只引用标签和编号。

11．适当调整文档开头的文本"目录"的格式，并在其下方插入目录，为目录设置适当的样式，在目录中必须显示标题 1、标题 2、标题 3、表格题注和图表题注。

【提示】设置目录包含题注，单击"引用"→"目录"下拉按钮，然后选择"自定义目录"命令，在弹出的对话框中单击"选项"按钮，在弹出的"目录选项"对话框中勾选"样式"复选框，在"有效样式"列表中找到"题注"，然后在后面的文本框中输入"4"。

12．为文档分节，使各章内容都位于独立的节中，并自动从新的页面开始。

13．按照如下要求为文档添加页眉和页脚。

① 在页面底端正中插入页码，要求封面页不显示页码；目录页页码从 1 开始，格式为"I，II,…"正文页码从 1 开始，格式为"1,2,3,…"。

【提示】正文部分的页码应连续，设置正文各节为"页码格式"→"续前节"。

② 在页面顶端正中插入页眉，要求封面页不显示页眉；目录页页眉文字为"目录"；正文页页眉文字为各章的编号和内容，如"第一章本报告的数据来源"，页眉中的编号和章内容可随着正文中内容的变化而自动更新。

【提示】设置正文中的页眉文字为各章的编号，选择"插入"→"文档部件"→"域"命令，选择"StyleRef"选项，在样式名列表中选择"标题 1"选项，勾选"插入段落编号"复选框。设置正文中的页眉文字为各章的内容，选择"插入"→"文档部件"→"域"命令，选择"StyleRef"选项，在样式名列表中选择"标题 1"选项。

③ 更新文档目录。

实验三

Word 邮件合并与文档审阅

一、实验目的

1．熟悉邮件合并的概念及应用场合；
2．掌握邮件合并的 3 个基本过程；
3．掌握文档的审阅和修订方法。

二、实验内容

打开一个空白 Word 文档，利用文档"准考证素材及示例.docx"中的文本素材并参考其中的示例图，制作准考证主文档，并以"准考证.docx"为文件名保存文件，以下操作均基于此文件。具体的制作要求如下。

1．制作准考证表格，使表格的整体水平、垂直方向均位于页面的中间位置。

【提示】

（1）把文档"准考证素材及示例.docx"中的文本素材复制到空白 Word 文档中。

（2）选择"插入"→"表格"→"文本转换成表格"命令，将文本转换成表格，在"文字分隔位置"选项组中选中"制表符"单选按钮，将"表格尺寸"选项组中的"列数"设为"3"，按照"准考证示例图"适当调整表格的内容。

2．表格的宽度根据页面自动调整，为表格添加任意图案样式的底纹，以不影响阅读其中的文字为宜。

3．适当增加表格第 1 行中标题文本的字号、字符间距。

4．"考生须知"这 4 个字竖排（选择"布局"→"文字方向"命令），水平、垂直方向均在单元格内居中，"考生须知"中包含的文本以自动编号排列。

5．将主文档保存为"准考证.docx"，在主文档中，将表格中的红色文字替换为相应的考生信息，考生信息保存在"实验三"文件夹的 Excel 文档"考生名单.xlsx"中。

【提示】

（1）选择"邮件"→"开始邮件合并"→"信函"命令。

（2）选择"收件人"→"使用现有列表"命令，找到 Excel 文档"考生名单.xlsx"，单击"打开"按钮。

（3）选择红色文字，单击"邮件"→"插入合并域"下拉按钮，选择相应的域，如图 3-1 所示。

图 3-1　插入合并域

6. 标题中的考试级别信息根据考生所报考科目自动生成："考试科目"为"高级会计实务"时，考试级别为"高级"，否则为"中级"。

【提示】单击"邮件"选项卡中"编写和插入域"选项组的"规则"下拉按钮，选择"如果... 那么... 否则"命令，在弹出对话框的"域名"下拉列表中选择"考试科目"选项，在"比较条件"下拉列表中选择"等于"选项，在"比较对象"文本框中输入"高级会计实务"，在"则输入此文字"文本框中输入"高级"，在"否则插入此文字"文本框中输入"中级"，如图 3-2 所示。

7. 在考试时间栏中，将中级的 3 个科目名称（素材中的蓝色文本）均设置为等宽占用 6 个字符宽度。

【提示】选中文本，选择"开始"→"段落"→"分散对齐"命令。

8. 表格中的文本字体均采用"微软雅黑"、黑色，并选用适当的字号。

9. 设置只为属于"门头沟区"且报考中级全部 3 个科目（《中级会计实务》、《财务管理》、和《经济法》）或报考高级科目（《高级会计实务》）的考生每人生成 1 份准考证。

【提示】选择"邮件"→"编辑收件人列表"→"筛选"命令，然后根据要求设置筛选条件，如图 3-3 所示。

图 3-2　"插入 Word 域：IF"对话框　　　　图 3-3　"筛选和排序"对话框

10. 在"贴照片处"插入考生的照片。完成邮件合并，并以"个人准考证.docx"为文件名保存到"实验三"文件夹中，同时保存主文档"准考证.docx"的编辑结果。

【注意】Word 文件、图片文件和 Excel 文件必须在同一个文件夹中。

【提示】对于照片的处理要按如下步骤进行。

（1）将鼠标光标定位在照片区域，选择"插入"→"文档部件"→"域"命令，在"域名"列表框中选择"IncludePicture"选项，并在"文件名或 URL"文本框中输入"照片"（名称可以为任意合法名称），如图 3-4 所示，然后单击"确定"按钮。

图 3-4　"域"对话框

（2）按组合键 Alt+F9 切换为源代码方式，选中信息表中的"照片"，再选择"插入合并域"→"照片"命令，建立和数据表的联系，如图3-5所示。插入"照片"域后的源代码格式如图3-6所示。

图3-5　插入"照片"域

2016 年度全国会计专业技术{ IF { MERGEFIELD 考试科目 } = "高级会计实务" "高级" "中级"}资格考试准考证

准考证号	{ MERGEFIELD 准考证号 }.	{ INCLUDEPICTURE "{ MERGEFIELD 照片 } " * MERGEFORMAT }
考生姓名	{ MERGEFIELD 考生姓名 }.	
证件号码	{ MERGEFIELD 证件号码 }.	
考试科目	{ MERGEFIELD 考试科目 }.	
考试地点	{ MERGEFIELD 考试地点 }.	

图3-6　插入"照片"域后的源代码格式

（3）选择"邮件"→"完成并合并"→"编辑单个文档"命令，合并记录选择"全部"，单击"确定"按钮，将文件以"个人准考证"为文件名保存在"实验三"文件夹中。

（4）按组合键 Ctrl+A 选中全部准考证，按 F9 键刷新（若此时还是显示源代码状态，再按一次 Alt+F9 组合键）。

11. 为了能在以后的准考证制作中再次利用表格内容，将文档中的表格内容保存至"表格"部件库，并将其命名为"准考证"。

【提示】选中表格，选择"插入"→"文档部件"→"将所选内容保存到文档部件库"命令，打开"新建构建基块"对话框，然后进行相关设置，如图 3-7 所示。

12. 本次考试的部分考生来自中国台湾地区，因此，将部分准考证内容设置为繁体中文格式，以便于考生阅读。这部分学生包括李潇、刘蕾琳、安豪进。

【提示】选中相应考生的准考证表格，单击"审阅"→"简转繁"按钮。

13. 将准考证中"考试开始前 20 分钟考生凭准考证和有效证件（身份证等）进入规定考场对号入座"的"20"分钟修订为"30"分钟，并接受此修订。

图3-7　"新建构建基块"对话框

【提示】

（1）选中"20"，选择"审阅"→"修订"命令，输入"30"，单击"确定"按钮，修订完成。

（2）选择"审阅"→"接受"→"接受所有修订"命令。

14. 为李潇准考证表格所在的页面添加编辑限制保护，不允许随意对该页内容进行编辑、修改，并将保护密码设置为空。

【提示】

（1）首先将文档中除"李潇准考证"页外的部分全部选中。

（2）单击"审阅"选项卡中"保护"选项组的"限制编辑"按钮，右侧会出现相应的参数配置。

（3）在"1. 格式设置限制"选项组中勾选"限制对选定的样式设置格式"复选框，随即在

"2. 编辑限制"选项组中勾选"仅允许在文档中进行此类型的编辑"复选框，此时"例外项"可以编辑，这里勾选"每个人"复选框。

（4）在"3. 启动强制保护"选项组中单击"是，启动强制保护"按钮，如图 3-8 所示。

（5）此时会弹出"启动强制保护"对话框，将密码设置为空，单击"确定"按钮，如图 3-9 所示。

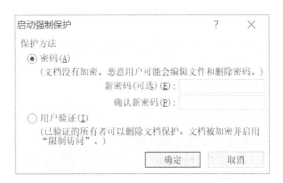

图 3-8　"限制格式和编辑"对话框　　　　　图 3-9　"启动强制保护"对话框

三、样张

样张如图 3-10 所示。

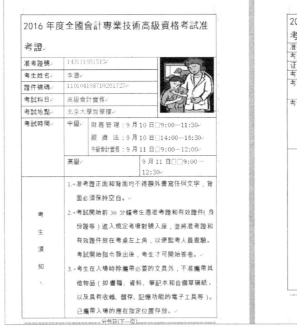

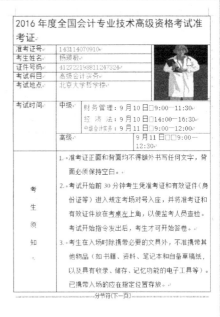

图 3-10　样张

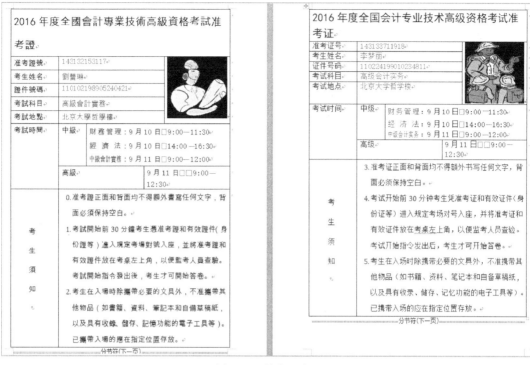

图 3-10 样张（续）

四、自测操作题

说明：此操作题来源于全国计算机等级考试（二级）——MS Office 高级应用真题。

晓云是企业人力资源部工作人员，现需要将上一年度的员工考核成绩发给每位员工，请按照如下要求，帮助她完成此项工作。

1．将"Word 素材.docx"文件另存为"Word.docx"（".docx"为文件扩展名），后续操作均基于此文件，否则不得分。

2．设置文档纸张方向为横向，将其上、下、左、右页边距都调整为 2.5 厘米，并添加"阴影"型页面边框。

3．参考样例效果（"参考效果.png"文件），按照如下要求设置标题格式。

① 将文字"员工绩效考核成绩报告 2015 年度"字体修改为微软雅黑，文字颜色修改为"红色，强调文字颜色 2"，并应用加粗效果。

② 在文字"员工绩效考核"后插入一个竖线符号。

③ 对文字"成绩报告 2015 年度"应用双行合一的排版格式，"2015 年度"显示在第 2 行。

【提示】设置双行合一，单击"开始"选项卡中"段落"选项组的"中文版式"下拉按钮，然后选择"双行合一"命令。

④ 适当调整上述所有文字的大小，使其合理显示。

4．参考样例效果（"参考效果.png"文件），按照如下要求修改表格样式。

① 设置表格宽度为页面宽度的100%，表格可选文字属性的标题为"员工绩效考核成绩单"。

【提示】设置表格可选文字属性的标题，选择"表格工具"→"布局"→"属性"→"可选文字"→"标题"命令。

② 合并第3行和第7行的单元格，设置其垂直框线为无；合并第4～6行、第3列的单元格，以及第4～6行、第4列的单元格。

③ 将表格中第1列和第3列包含文字的单元格底纹设置为"蓝色，强调文字颜色1，淡色80%"。

④ 将表格中所有单元格的内容都设置为水平居中对齐。

⑤ 适当调整表格中文字的大小、段落格式及表格行高，使其能够在一个页面中显示。

5．为文档插入"空白（三栏）"式页脚，左侧文字为"MicroMacro"，中间文字为"电话：010-123456789"，右侧文字为可自动更新的当前日期；在页眉的左侧插入图片"logo.png"，适当调整图片大小，使所有内容保持在一个页面中，如果页眉中包含水平横线则应删除。

6．打开表格右下角单元格中所插入的文件对象"员工绩效考核管理办法.docx"，按照如下要求进行设置。

① 设置"MicroMacro 公司人力资源部文件"的文字颜色为标准红色，字号为32，中文字体为微软雅黑，英文字体为 Times New Roman，并应用加粗效果；在该文字下方插入水平横线（不要使用形状中的直线），将横线的颜色设置为标准红色；将以上文字和下方水平横线都设置为左侧和右侧各缩进1.5个字符。

② 设置标题文字"员工绩效考核管理办法"为"标题"样式。

③ 设置所有蓝色的文本为"标题1"样式，将手工输入的编号（如"第一章"）替换为自动编号（如"第1章"）；设置所有绿色的文本为"标题2"样式，并修改样式字号为小四，将手动输入的编号（如"第一条"）替换为自动编号（如"第1条"），在每章中重新开始编号；各级自动编号后以空格代替制表符与编号后的文本隔开。

④ 将第2章中标记为红色的文本转换为4行3列的表格，并合并最右一列第2～4行的3个单元格；将第4章中标记为红色的文本转换为2行6列的表格；将这2个表格中的文字颜色都设置为"黑色，文字1"。

⑤ 保存此文件，然后将其在素材文件夹中另存一份副本，文件名为"管理办法.docx"（".docx"为文件扩展名），最后关闭该文档。

7．修改"Word.docx"文件中表格右下角所插入的文件对象下方的题注文字为"指标说明"。

【提示】修改题注文字：单击鼠标右键，在弹出的快捷菜单中选择"文档"命令，然后在弹出的窗口中单击"更改图标"按钮，在弹出的"更改图标"窗口的"题注"后的文本框中，将题注文字改为"指标说明"。

8．使用文件"员工考核成绩.xlsx"中的数据创建邮件合并，并在"员工姓名"、"员工编号"、"员工性别"、"出生日期"、"业绩考核"、"能力考核"、"态度考核"和"综合成绩"右侧的单元格中插入对应的合并域，其中"综合成绩"保留1位小数。

【提示】"综合成绩"保留 1 位小数，选中"综合成绩"右侧单元格中的数据，单击鼠标右键，在弹出的快捷菜单中选择"切换域代码"命令，在域代码中"综合成绩"后输入"\# " 0.0 " "。

9．在"是否达标"右侧单元格中插入域，判断成绩是否达到标准，如果综合成绩大于或等于 70 分，则显示"合格"，否则显示"不合格"。

10．编辑单个文档，完成邮件合并，将合并的结果文件另存为"合并文档.docx"。

Excel 基本操作

一、实验目的

1. 掌握数据的输入方法；
2. 掌握单元格的格式化操作；
3. 掌握条件格式和表格样式的使用；
4. 掌握页面设置的操作方法；
5. 掌握工作表的基本操作。

二、实验内容

将素材中的文件 Excel1.xlsx 另存为"E1-班级-学号.xlsx"，按照以下要求操作，后续操作均基于此文件，效果如样张所示。

1. 为"销售业绩"工作表创建一个副本，放置在"主要城市降水量"工作表的右侧，并把副本工作表的标签颜色更改为标准色红色，把工作表名称修改为"销售业绩-备份"。

2. 将"销售业绩"工作表中第 1 行的行高设置为第 2 行的行高的 2 倍，并将第 1 行中文字的字体更改为"华文彩云"、24 号字、标准色红色；将第 2 行单元格的底纹设置为标准色浅蓝；将所有单元格内容设置为水平、垂直均居中；将 A2:I40 单元格区域转换为表，表包含标题，表名为"业绩"，套用表格格式"表样式中等深浅 27"，取消筛选和镶边行。

【提示】选中 A2:I40 单元格区域，选择"插入"→"表格"命令，在弹出的对话框中单击"确定"按钮，如图 4-1 所示。在"表格工具"的"设计"上下文选项卡中修改表格名称及表格样式，如图 4-2 所示。

图 4-1　"创建表"对话框

图 4-2　"表格工具"的"设计"上下文选项卡

【思考】如何把新创建的"业绩"表格转换为普通单元格？使用表格有何优点？

3．将"销售业绩"工作表中1—6月的销售数据格式修改为数值型，仅保留1位小数。在第1列前插入一个"序号"列，输入数值型序号1, 2, 3, …，并通过设置单元格格式使其显示为数值型的001, 002, 003, …。

【提示】用填充句柄输入序列1,2,3, …；选中第1列，单击鼠标右键，在弹出的快捷菜单中选择"设置单元格格式"命令，在"设置单元格格式"对话框的"分类"列表框中选择"自定义"选项，并在右边的"类型"文本框中输入"000"，如图4-3所示。

图4-3 "设置单元格格式"对话框（一）

【思考】如果在"序号"列中输入"001""002"这种类型的数据，是否正确？请说明原因。

4．在"主要城市降水量"工作表中，将A列数据中城市名称的汉语拼音删除，如将"北京beijing"修改为"北京"。修改完成后，自动调整行高和列宽。

（1）新建一个空白Word文档，将"主要城市降水量"工作表中第1列的数据复制到空白Word文档中。

（2）在Word文档中，单击"开始"选项卡中"编辑"选项组的"替换"按钮，打开"查找和替换"对话框，并按照如图4-4所示的方式进行替换。

【提示】设置查找内容时，要选择"特殊格式"中的"任意字母"选项。

（3）将替换后的所有内容复制到"主要城市降水量"工作表的第1列。

（4）自动调整行高和列宽。首先选中所有单元格，然后单击"开始"选项卡中"单元格"选项组的"格式"下拉按钮，在下拉菜单中选择相应的命令，如图4-5所示。

【思考】请列举4种调整行高或列宽的方法。

5．为"主要城市降水量"工作表中的A1:P32单元格区域加上边框线，内边框线为黑色，外边框线为红色双线。将B2:M32单元格区域中的所有空单元格都填入数值0；然后修改B2:M32单元格区域的数字格式，使值小于15的单元格仅显示文本"干旱"；再为B2:M32单元格区域应用条件格式，将值小于15的单元格设置为"黄填充色和深黄色文本"（需要注意的是，不要修改单元格中的数值本身）。

图 4-4　"查找和替换"对话框（一）　　　　图 4-5　选择"自动调整行高"命令

【提示】

（1）将所有的空单元格都填入数值 0。

选中 B2:M32 单元格区域，单击"开始"选项卡中"编辑"选项组的"查找和选择"下拉按钮，在弹出的下拉菜单中选择"替换"命令；在"替换为"文本框中输入"0"，如图 4-6 所示；单击"全部替换"按钮，共有 17 处被替换。单击"关闭"按钮退出"查找和替换"对话框。

（2）使值小于 15 的单元格仅显示文本"干旱"。

选中 B2:M32 单元格区域，单击鼠标右键，在弹出的快捷菜单中选择"设置单元格格式"命令会弹出"设置单元格格式"对话框。然后在"数字"选项卡的"分类"列表框中选择"自定义"选项，在右侧"类型"下方的文本框中输入"[<15]"干旱""，单击"确定"按钮退出"设置单元格格式"对话框，如图 4-7 所示。

图 4-6　"查找和替换"对话框（二）

图 4-7　"设置单元格格式"对话框（二）

（3）选中 B2:M32 单元格区域，单击"开始"选项卡中"样式"选项组的"条件格式"下拉按钮，在弹出的下拉菜单中选择"突出显示单元格规则"→"小于"命令，并进行设置，如图 4-8 和图 4-9 所示。

图 4-8 "条件格式"下拉菜单

图 4-9 设置条件格式

【思考】

（1）如何将 4 月（E 列）降水量最大的 10 个数据用红色加粗文本显示？

（2）对于 8 月（I 列）的降水量数据，如何将低于平均值的数据用蓝色斜体字显示？

（3）若某个条件格式设置错误，如何删除这个错误的条件格式？

（4）如果想扩大某个条件格式的适用范围，应如何操作？

6．在"主要城市降水量"工作表的 N2:N32 单元格区域中，计算各城市全年的合计降水量，对其应用实心填充的数据条件格式，并且不显示数值本身。

【提示】

（1）选中 N2 单元格，在其中输入公式"=SUM(B2:M2)"，然后按 Enter 键，用填充句柄自动填充 N3:N32 单元格区域。

（2）选中 N2:N32 单元格区域，选择"条件格式"→"数据条"→"其他规则"命令，在弹出的"新建格式规则"对话框中，勾选"仅显示数据条"复选框，在"填充"下拉列表中选择"实心填充"选项，然后单击"确定"按钮，如图 4-10 所示。

7．显示隐藏的"说明"工作表，不显示"说明"工作表中的所有网格线。设置窗口视图，保持第 1～3 行、第 A:E 列总是可见的。

图 4-10 "新建格式规则"对话框

【提示】

（1）单击"开始"选项卡中"单元格"选项组的"格式"下拉按钮，在"可见性"下方的"隐藏和取消隐藏"菜单中选择"取消隐藏工作表"命令，如图 4-11 所示。

（2）切换到"视图"选项卡，取消对"显示"选项组中"网格线"复选框的勾选。

（3）切换到"说明"工作表，选中需要冻结行列的交界点右下方的 F4 单元格，单击"视图"选项卡中"窗口"选项组的"冻结窗格"下拉按钮，在弹出的下拉菜单中选择"冻结拆分窗格"命令，如图 4-12 所示。

8．在"主要城市降水量"工作表中，将纸张方向设置为横向，并适当调整其中数据的列宽，以便将所有数据都打印在一页 A4 纸内，并将标题行设置为在打印时可以重复出现在每页的顶端。

图 4-11 "隐藏和取消隐藏"菜单 　　　　图 4-12 "冻结窗格"下拉菜单

【提示】单击"页面布局"选项卡中"页面设置"选项组右下角的按钮，打开"页面设置"对话框，在"页面"选项卡中按照如图 4-13 所示进行设置，然后切换到"页面设置"对话框的"工作表"选项卡，按照如图 4-14 所示进行设置。

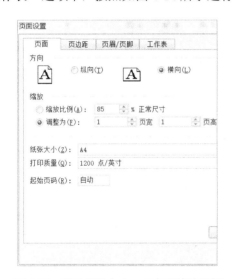 

图 4-13 设置纸张大小、方向和缩放比例 　　图 4-14 设置页面的标题行

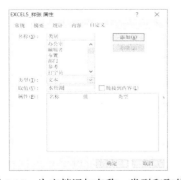

图 4-15 为文档添加名称、类型和取值

【思考】如何为素材文件中的所有工作表添加页眉和页脚？其中，页眉的内容是对应的工作表名称，页脚的内容和格式为"第 x 页，共 y 页"。

9．为文档添加名称为"类别"、类型为"文本"、取值为"水资源"的自定义属性。

【提示】选择"文件"→"信息"→"属性"→"高级属性"→"自定义"选项卡，按如图 4-15 所示进行设置，单击"添加"按钮就可以创建一个自定义属性，然后单击"确定"按钮退出。

三、样张

"销售业绩"工作表样张如图4-16所示。

Contoso公司上半年销售统计表

序号	员工编号	姓名	销售团队	一月	二月	三月	四月	五月	六月
001	XS28	程小丽	销售1部	¥ 66,500.00	¥ 92,500.00	¥ 95,500.00	¥ 98,000.00	¥ 86,500.00	¥ 71,000.00
002	XS7	张艳	销售1部	¥ 73,500.00	¥ 91,500.00	¥ 64,500.00	¥ 93,500.00	¥ 84,000.00	¥ 87,000.00
003	XS41	卢红	销售1部	¥ 75,500.00	¥ 62,500.00	¥ 87,000.00	¥ 94,500.00	¥ 78,000.00	¥ 91,000.00
004	XS1	刘丽	销售1部	¥ 79,500.00	¥ 98,500.00	¥ 68,000.00	¥ 100,000.00	¥ 96,000.00	¥ 66,000.00
005	XS15	杜月	销售1部	¥ 82,050.00	¥ 63,500.00	¥ 90,500.00	¥ 97,000.00	¥ 65,150.00	¥ 99,000.00
006	XS30	张成	销售1部	¥ 82,500.00	¥ 78,000.00	¥ 81,000.00	¥ 96,500.00	¥ 96,500.00	¥ 57,000.00
007	XS29	卢红燕	销售1部	¥ 84,500.00	¥ 71,000.00	¥ 99,500.00	¥ 89,500.00	¥ 84,500.00	¥ 58,000.00
008	XS17	李佳	销售1部	¥ 87,500.00	¥ 63,500.00	¥ 67,500.00	¥ 98,500.00	¥ 78,500.00	¥ 94,000.00
009	SC14	杜月红	销售2部	¥ 88,000.00	¥ 82,500.00	¥ 83,000.00	¥ 75,500.00	¥ 62,000.00	¥ 85,000.00
010	SC39	李成	销售1部	¥ 92,000.00	¥ 64,000.00	¥ 97,000.00	¥ 93,000.00	¥ 75,000.00	¥ 93,000.00
011	XS26	张红军	销售1部	¥ 93,000.00	¥ 71,500.00	¥ 92,000.00	¥ 96,500.00	¥ 87,000.00	¥ 61,000.00
012	XS8	李诗诗	销售1部	¥ 93,050.00	¥ 85,500.00	¥ 77,000.00	¥ 81,000.00	¥ 95,000.00	¥ 78,000.00
013	XS6	杜乐	销售1部	¥ 96,000.00	¥ 72,500.00	¥ 100,000.00	¥ 86,000.00	¥ 62,000.00	¥ 87,500.00
014	XS44	刘大为	销售1部	¥ 96,500.00	¥ 86,500.00	¥ 90,500.00	¥ 94,000.00	¥ 99,500.00	¥ 70,000.00
015	XS38	唐艳霞	销售1部	¥ 97,500.00	¥ 76,000.00	¥ 72,000.00	¥ 92,500.00	¥ 84,500.00	¥ 78,000.00
016	XS34	张恬	销售2部	¥ 56,000.00	¥ 77,500.00	¥ 85,000.00	¥ 83,000.00	¥ 74,500.00	¥ 79,000.00
017	XS22	李丽敏	销售2部	¥ 58,500.00	¥ 90,000.00	¥ 88,500.00	¥ 97,000.00	¥ 72,000.00	¥ 65,000.00
018	XS2	马燕	销售2部	¥ 63,000.00	¥ 99,500.00	¥ 78,500.00	¥ 63,150.00	¥ 79,500.00	¥ 65,500.00
019	XS43	张小丽	销售1部	¥ 69,000.00	¥ 89,500.00	¥ 92,500.00	¥ 73,000.00	¥ 58,500.00	¥ 96,500.00
020	XS20	刘艳	销售2部	¥ 72,500.00	¥ 74,500.00	¥ 60,500.00	¥ 87,000.00	¥ 77,000.00	¥ 78,000.00

图4-16　"销售业绩"工作表样张

"主要城市降水量"工作表样张如图4-17所示。

城市	1月	2月	3月	4月	5月	6月	7月	8月	9月	10月	11月	12月	合计降水量（毫米）	排名	季节分布
北京	干旱	干旱	干旱	63.6	64.1	125.3	79.3	132.1	118.9	31.1	干旱	干旱			
天津	干旱	干旱	干旱	48.8	21.2	131.9	143.4	71.3	68.2	48.5	干旱	干旱			
石家庄	干旱	干旱	22.1	47.9	31.5	97.1	129.2	238.6	116.4	16.6	干旱	干旱			
太原	干旱	干旱	20.9	63.4	17.6	103.8	23.9	45.2	56.7	17.4	干旱	干旱			
呼和浩特	干旱	干旱	20.3	干旱	干旱	137.4	165.5	132.7	54.9	24.7	干旱	干旱			
沈阳	干旱	干旱	37.2	71	79.1	88.1	221.1	109.3	70	17.9	干旱	18.7			
长春	干旱	干旱	32.5	22.3	62.1	152.5	199.8	150.5	63	17	干旱	干旱			
哈尔滨	干旱	干旱	21.8	31.3	71.3	57.4	94.8	46.1	80.4	18	干旱	干旱			
上海	90.9	32.3	30.1	55.5	84.5	300	105.8	113.5	109.3	56.7	81.6	26.3			
南京	110.1	18.9	32.2	90	81.4	131.7	193.3	191	42.4	38.4	27.5	18.1			
杭州	91.7	61.4	37.7	101.9	117.7	361	114.4	137.5	44.2	67.4	118.5	20.5			
合肥	89.8	干旱	37.3	59.4	72.5	203.8	162.3	177.7	干旱	50.4	28.3	干旱			
福州	70.3	46.9	68.7	148.3	266.4	247.6	325.6	104.4	40.8	118.5	35.1	干旱			
南昌	75.8	48.2	145.3	157.4	104.1	427.6	133.7	68	31	16.6	138.7	干旱			
济南	干旱	干旱	干旱	53.5	61.6	27.2	254	186.7	73.9	18.6	干旱	干旱			
郑州	17	干旱	干旱	90.8	59.4	24.6	309.7	58.5	64.4	干旱	干旱	干旱			
武汉	72.4	20.7	79	54.3	344.2	129.4	148.1	240.7	40.8	92.5	39.1	干旱			
长沙	96.4	53.8	159.9	101.6	110	116.4	215	143.9	146.7	55.8	243.9	干旱			
广州	98	49.9	70.9	111.7	285.2	834.6	170.3	188.4	262.6	136.4	61.9	干旱			
南宁	76.1	70	18.7	45.2	121.8	300.6	260.1	317.4	187.6	47.6	156	23.9			
海口	35.5	27.7	干旱	53.9	193.3	227.3	164.7	346.7	337.5	901.2	20.9	68.9			
重庆	16.2	42.7	43.8	75.1	69.1	254.4	55.1	108.4	54.1	154.3	59.8	29.7			
成都	干旱	16.8	33	47	69.7	124	235.8	147.2	267	58.8	22.6	干旱			
贵阳	15.7	干旱	68.1	62.1	156.9	89.9	275	364.2	98.9	106.1	103.3	17.2			
昆明	干旱	干旱	15.7	干旱	94.5	133.5	281.5	203.4	75.4	49.4	82.7	干旱			
拉萨	干旱	干旱	干旱	干旱	64.1	63	162.3	161.9	49.4	干旱	干旱	干旱			
西安	19.1	干旱	21.7	55.6	22	59.8	83.7	87.3	83.1	73.1	干旱	干旱			
兰州	干旱	干旱	干旱	22	28.1	30.4	49.9	72.1	61.5	23.5	干旱	干旱			
西宁	干旱	干旱	干旱	32.2	48.4	60.9	41.6	99.7	62.9	19.7	干旱	干旱			
银川	干旱	干旱	干旱	16.3	干旱	干旱	79.4	35.8	44.1	干旱	干旱	干旱			

图4-17　"主要城市降水量"工作表样张

四、自测操作题

1．将素材文件夹中的"实验四自测题.xlsx"文件另存为"实验四自测题.xlsm"（".xlsm"为扩展名）的 Excel 启用宏的工作簿。下列操作均基于"实验四自测题.xlsm"文件。

2．在"客户资料"工作表中完成下列任务。

① 将数据区域 A1:F101 转换为表，将表的名称修改为"客户资料"，并取消隔行底纹的效果。

② 创建名为"表格标题"的自定义单元格样式，将其设置为绿色填充色和黄色字体颜色，并应用于表格的标题行（首行）；为表格的数据区域（第 2~12 行）应用主题单元格样式"强调文字颜色 1"；为表格的汇总行（末行）应用"汇总"样式。

③ 将 B 列中所有的"M"替换为"男"，所有的"F"替换为"女"。

④ 修改 C 列中日期的格式，要求格式如"80 年 5 月 9 日"（年份只显示后两位）；修改 F 列的格式为"货币"，精确到小数点后 1 位，货币符号为"$"。

⑤ 为表格中的数据添加条件格式，将年消费金额最低的 15 位顾客所在的整行记录的文本颜色设置为标准色——深红色，然后加粗。

3．设置"客户资料"工作表，以便在打印的时候，该工作表的第 1 行能自动出现在每页的顶部。

4．为所有可见工作表添加自定义页眉和页脚，在页眉正中显示工作表的名称，在页脚正中显示页码和页数，格式为"页码 of 总页数"，如"1 of 5"，当工作表名称或数据发生变化时，页眉和页脚内容应可以自动更新。

5．将"各年龄段人数"工作表置于所有工作表最左侧，并设置其工作表标签颜色为标准色——红色，隐藏"2016 年消费"工作表。

Excel 数据管理和图表化

一、实验目的

1. 熟悉常用导入外部数据的方法；
2. 掌握常用数据工具的用法；
3. 掌握排序、筛选和分类汇总的使用；
4. 掌握建立图表的方法；
5. 掌握数据透视表和数据透视图的使用。

二、实验内容

打开素材文件夹中的"Excel2-素材.xlsx"文件，将文件另存为"E2-学号-姓名.xlsx"，后续操作均在"E2-学号-姓名.xlsx"中进行。

（一）导入外部数据

1）从网站导入外部数据

（1）新建一个工作表，并将其命名为"普查数据"。

（2）浏览素材文件夹中的网页"第五次全国人口普查公报.htm"，将其中的"2000 年第五次全国人口普查主要数据"表格自 A1 单元格开始，导入刚建立的"普查数据"工作表中。

（3）导入并保存数据后，关闭该文件。

【提示】在 IE 浏览器中打开"第五次全国人口普查公报.htm"，复制浏览器地址栏中的地址，如图 5-1 所示。切换到"普查数据"工作表，选中 A1 单元格，单击"数据"选项卡中"获取外部数据"选项组的"自网站"按钮，在弹出的"新建 Web 查询"对话框的"地址"文本框中粘贴刚才复制的地址，单击"转到"按钮，就可以看到网页。向下翻页找到"2000 年第五次全国人口普查主要数据（大陆）"表格，单击表格左上角的黄色箭头，然后单击对话框下方的"导入"按钮，如图 5-2 所示。在弹出的"导入数据"对话框中直接单击"确定"按钮退出。

图 5-1　浏览素材网页

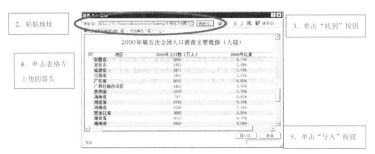

图 5-2　导入外部网页中的数据（一）

2）从文本文件导入外部数据

新建一个工作表，将其命名为"学生档案"。将以制表符分隔的文本文件"学生档案.txt"自 A1 单元格开始导入"学生档案"工作表中，需要注意的是，不得改变原始数据的排列顺序。

【提示】选中"学生档案"工作表的 A1 单元格，单击"数据"选项卡中"获取外部数据"选项组的"自文本"按钮。在"导入文本文件"对话框中选择素材文件夹中的"学生档案.txt"，单击"导入"按钮。在出现的"文本导入向导"对话框中，第 1 步选中"分隔符号"单选按钮；第 2 步勾选"Tab 键"复选框，对话框下方即可预览导入后的效果；第 3 步先选中"身份证号码"列，然后将"列数据格式"由"常规"修改为"文本"，如图 5-3 所示。单击"完成"按钮，在弹出的"导入数据"对话框中直接单击"确定"按钮退出。

（二）常用数据工具的使用

1）数据分列

在"学生档案"工作表中，将第 1 列数据从左到右分成"学号"列和"姓名"列。

图 5-3　导入外部网页中的数据（二）

【提示】在"身份证号码"列（B 列）前插入一个空列，以容纳分列后多出来的"姓名"列。选中第 1 列，单击"数据"选项卡中"数据工具"选项组的"分列"按钮。在"文本分列向导"对话框中，先勾选"固定宽度"复选框，再在刻度线上"学号"和"姓名"相接处单击，建立分列线，如图 5-4 所示。最后把 A1 单元格中的"姓名"两个字剪切到 B1 单元格。分列操作结束后的效果如图 5-5 所示。

图 5-4　建立分列线，分开学号和姓名

	A	B	C
1	学号	姓名	身份证号码
2	C121417	马小军Ma Xiao Jun	110101200001051054
3	C121301	曾令铨Zeng Ling Quan	110102199812191513
4	C121201	张国强Zhang Guo Qiang	110102199903292713
5	C121424	孙令煊Sun Ling Xuan	110102199904271532
6	C121404	江晓勇Jiang Xiao Yong	110102199905240451
7	C121001	吴小飞Wu Xiao Fei	110102199905281913
8	C121422	姚南Yao Nan	110103199903040920
9	C121425	杜学江Du Xue Jiang	110103199903270623
10	C121439	宋子丹Song Zi Dan	110103199904290936
11	C121439	吕文伟Lue Wen Wei	110103199908171548
12	C120802	符坚Fu Jian	110104199810261737
13	C121411	张杰Zhang Jie	110104199903051216
14	C120901	谢如雪Xie Ru Xue	110105199807142140

图 5-5　分列操作结束后的效果

2）删除重复列

将"学生档案"工作表的最后 3 行复制到本工作表的 A57 单元格开始区域，这样就会多出 3 行重复数据。

【提示】单击"数据"选项卡中"数据工具"选项组的"删除重复项"按钮，然后按照如图 5-6 所示进行设置，单击"确定"按钮即可删除重复的 3 行数据。当表中的数据量较大时，这是一种删除某些列上出现重复值的高效方法。

3）数据验证

为"学生档案"工作表的"身份证号码"列（C 列）设置数据验证，要求身份证号码长度为 18 位；为"性别"列（D 列）设置数据验证，要求只能在"男"或"女"中取值。

【提示】选中"身份证号码"列（C 列），单击"数据"选项卡中"数据工具"选项组的"数据验证"下拉按钮，在弹出的下拉菜单中选择"数据验证"命令，然后在弹出的对话框中进行相应的设置，如图 5-7 所示。"性别"列的数据验证按如图 5-8 所示进行设置，"男"和"女"中间的逗号必须使用西文字符。关闭"数据验证"对话框后，选中 D2 单元格，观察如何输入性别。

图 5-6　删除重复列

图 5-7　设置身份证号码的长度为 18 位

（三）排序

1）多关键字排序

为"成绩"工作表创建一个副本，并将副本工作表命名为"成绩-排序"。然后对副本工作表中的数据依次按总分、语文、数学、英语降序排序。

【提示】单击"数据"选项卡中"排序和筛选"选项组的"排序"按钮，按如图 5-9 所示设置成绩排序关键字。单击"添加条件"按钮可以增加排序关键字。

图 5-8　设置性别只能为"男"或"女"

图 5-9　设置成绩排序关键字

2）自定义序列排序

为"成绩"工作表创建一个副本，并将副本工作表命名为"成绩-按等级排序"。然后对副本工作表中的数据按等级排序，要求排序顺序为"优，良，中，差"。

【提示】"优，良，中，差"不是按照系统默认的汉字拼音首字母顺序排列的，必须使用自定义序列进行排列。

选中"成绩-按等级排序"工作表的所有单元格，单击"数据"选项卡中"排序和筛选"选项组的"排序"按钮，在"排序"对话框中，"主要关键字"选择"等级"，"次要关键字"选择"自定义序列"。在弹出的"自定义序列"对话框中，选择"自定义序列"列表框中的"新序列"选项，在"输入序列"列表框中依次输入"优，良，中，差"，每个汉字占一行，按 Enter 键换行，并单击右侧的"添加"按钮，如图 5-10 所示。然后在"自定义序列"对话框的"自定义序列"列表框中选中自定义的序列"优，良，中，差"，并单击"确定"按钮返回"排序"对话框，如图 5-11 所示。最后单击"排序"对话框中的"确定"按钮，完成排序。

图 5-10　添加自定义序列

图 5-11　使用自定义序列

（四）筛选

为"成绩"工作表创建一个副本，并将副本工作表命名为"成绩-筛选"，要求在该工作表中筛选出语文成绩在 100 分以上或 90 分以下，并且数学成绩为 90～100 分的籍贯是北京的学生。

【提示】选中工作表的所有单元格，单击"数据"选项卡中"排序和筛选"选项组的"筛选"按钮。单击"语文"列（D 列）右方的下拉按钮，在弹出的下拉菜单中选择"数据筛选"→"自定义筛选"命令，按如图 5-12 所示进行设置。"数学"列的筛选条件按如图 5-13 所示进行设置。"籍贯"列只选择"北京"，如图 5-14 所示。

图 5-12　"语文"列的筛选条件

图 5-13　"数学"列的筛选条件

图 5-14　"籍贯"列的筛选条件

【思考】如何使用"高级"筛选功能筛选出语文成绩小于 100 分，或者数学、物理成绩均高于 90 分的学生，要求筛选结果放在 A50 单元格开始的区域。

（五）分类汇总

为"成绩"工作表创建一个副本，并将副本工作表命名为"成绩-分类汇总"，要求按籍贯统计学生各门课程的平均分、最高分和最低分，汇总结果保留 2 位小数。

【提示】选中"成绩-分类汇总"工作表的所有单元格，先按照籍贯进行排序。然后单击"数据"选项卡中"分级显示"选项组的"分类汇总"按钮，按如图 5-15 所示进行设置。分别对"汇总方式"选取"最大值"和"最小值"，再进行两次分类汇总操作，需要注意的是，这两次汇总要取消勾选"替换当前分类汇总"复选框，如图 5-16 所示。最终结果见样张。

图 5-15　第一次分类汇总的设置　　　图 5-16　第二次分类汇总的设置

（六）数据图表化

在"月统计表"工作表的 G3:M25 单元格区域中，插入与"销售经理成交金额按月统计表"数据对应的二维堆积柱形图，横坐标为销售经理，纵坐标为月销售额，并按照如图 5-17 所示设置图表的标题、坐标轴标题、图例位置、网格线样式、数据标签、垂直轴的最大值及刻度单位（图表中出现的文字的字体、字号和文字颜色不做要求）。

【提示】选中"月统计表"工作表的 A2:D5 单元格区域，单击"插入"选项卡中"图表"选项组的"插入柱形图或条形图"下拉按钮，在弹出的下拉菜单中选择"二维柱形图"所在行的"堆积柱形图"命令。切换到"图表工具"中的"布局"选项卡，然后进行标题、图例、网格线和数据标签的设置。选中图表的垂直轴区域，单击鼠标右键，在弹出的快捷菜单中选择"设置坐标轴格式"命令，按如图 5-18 所示设置最大值和刻度单位。最后移动图表并调节其大小，放到 G3:M25 单元格区域。

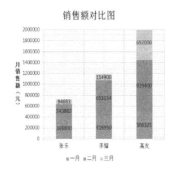 

图 5-17　堆积柱形图样张　　　　图 5-18　"设置坐标轴格式"对话框

【思考】如何将图表类型更改为"带标记的堆积折线图"，并将其移至一个新工作表中？要求新工作表中只有这张图，没有可供操作的单元格。

（七）建立数据透视表和数据透视图

数据透视表结合了排序、筛选、分类汇总等多种数据分析方法的优点，可以从不同角度查看和分析数据，是一种方便、快捷的交互式工具。与普通图表类似，数据透视图以图形化方式呈现数据透视表中的汇总数据，可以更直观地对数据进行比较，进而反映趋势变化。

1）数据透视表

为"成绩"工作表创建一个副本，并将副本工作表命名为"成绩-透视表"，根据"成绩-透视表"工作表中的数据建立一个数据透视表，统计不同籍贯男生和女生的语文、数学及英语的平均分，放在同一工作表中 A50 单元格起始的单元格区域，统计结果保留 2 位小数。

【提示】选中"成绩-透视表"工作表中的 A1:M45 单元格区域，单击"插入"选项卡中"表格"选项组的"数据透视表"按钮，在弹出的"数据透视表"对话框中选中"现有工作表"单选按钮，在"位置"后的文本框中选择当前工作表的 A50 单元格，然后单击"确定"按钮，再按如图 5-19 所示，将"性别"拖至"轴字段"，将"籍贯"拖至"报表筛选"，将"语文"、"数学"和"英语"分别拖至"数值"下方的空白区域，并修改汇总方式为"平均值"。

2）数据透视图

根据数据透视表中的数据绘制相应的二维簇状柱形数据透视图，具体要求如下：只显示北京市的数据，图表布局选择"布局 5"，图表样式选择"样式 26"，图表标题修改为"北京市男生和女生 3 门课程的平均分"，数据标签显示在图形上方，并放置在 G50:N70 单元格区域。

【提示】选中数据透视表中的任一单元格，单击"数据透视表工具"的"分析"上下文选项卡，单击"工具"选项组的"数据透视图"按钮，选择相应的图表类型，并进行布局、样式、标题和数据标签的设置。最终的数据透视图如图 5-20 所示。

图 5-19　数据透视表设置

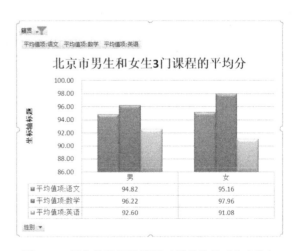

图 5-20　最终的数据透视图（籍贯选择"北京"）

三、样张

“普查数据”工作表样张片段如图 5-21 所示。

A1　　fx　地区

	A	B	C
1	地区	2000年人	2000年比重
2	安徽省	5986	4.73%
3	北京市	1382	1.09%
4	福建省	3471	2.74%
5	甘肃省	2562	2.02%
6	广东省	8642	6.83%
7	广西壮族自治区	4489	3.55%
8	贵州省	3525	2.78%
9	海南省	787	0.62%
10	河北省	6744	5.33%

图 5-21　“普查数据”工作表样张片段

“学生档案”工作表样张片段如图 5-22 所示。

A2　　fx　C121417

	A	B	C	D	E	F	G
1	学号	姓名	身份证号码	性别	出生日期	年龄	籍贯
2	C121417	马小军Ma Xiao Jun	110101200001051054				湖北
3	C121301	曾令铨Zeng Ling Quan	110102199812191513				北京
4	C121201	张国强Zhang Guo Qiang	110102199903292713				北京
5	C121424	孙令煊Sun Ling Xuan	110102199904271532				北京
6	C121404	江晓勇Jiang Xiao Yong	110102199905240451				山西
7	C121001	吴小飞Wu Xiao Fei	110102199905281913				北京
8	C121422	姚南Yao Nan	110103199903040920				北京
9	C121425	杜学江Du Xue Jiang	110103199903270623				北京
10	C121401	宋子丹Song Zi Dan	110103199904290936				北京
11	C121439	吕文伟Lue Wen Wei	110103199908171548				湖南
12	C120802	符坚Fu Jian	110104199810261737				山西
13	C121411	张杰Zhang Jie	110104199903051216				北京
14	C120901	谢如雪Xie Ru Xue	110105199807142140				北京
15	C121440	方天宇Fang Tian Yu	110105199810054517				河北
16	C121413	莫一明Mo Yi Ming	110105199810212519				北京

图 5-22　“学生档案”工作表样张片段

“成绩-排序”工作表样张片段如图 5-23 所示。
“成绩-按等级排序”工作表样张片段如图 5-24 所示。
“成绩-筛选”工作表样张片段如图 5-25 所示。
“成绩-分类汇总”工作表样张片段如图 5-26 所示。
“成绩-数据透视表”工作表样张片段如图 5-27 所示。
“月统计表”工作表样张片段如图 5-28 所示。

	A2			fx	C121419						
	A	B	C	D	E	F	G	H	I	J	K
1	学号	姓名	籍贯	语文	数学	英语	物理	化学	品德	历史	总分
2	C121419	刘小红	北京	99.3	108.9	91.4	97.6	91	91.9	85.3	665.4
3	C121428	陈万地	河北	104.5	114.2	92.3	92.6	74.5	95	90.9	664
4	C121402	郑菁华	北京	98.3	112.2	88	96.6	78.6	90	93.2	656.9
5	C121407	甄士隐	山西	107.9	95.9	90.9	95.6	89.6	90.5	84.4	654.8
6	C121422	姚南	北京	101.3	91.2	89	95.1	90.1	94.5	91.8	653
7	C121435	倪冬声	北京	90.9	105.8	94.1	81.2	87	93.7	93.5	646.2
8	C121442	习志敏	北京	92.5	101.8	98.2	90.2	73	93.6	94.6	643.9
9	C121411	张杰	北京	92.4	104.3	91.8	94.1	75.3	89.3	94	641.2
10	C121405	齐小娟	北京	98.7	108.8	87.9	96.7	75.8	78	88.3	634.2
11	C121404	江晓勇	山西	86.4	94.8	94.7	93.5	84.5	93.6	86.6	634.1
12	C121437	康秋林	河北	84.8	105.5	89	92.2	82.6	83.9	92.5	630.5
13	C121438	钱飞虎	北京	85.5	97.2	84.5	96.7	81.1	88.7	94.3	628
14	C121406	孙如红	北京	91	105	94	75.9	77.9	94.1	88.4	626.3
15	C121413	莫一明	北京	98.7	91.9	91.2	78.8	81.6	94	88.9	625.1
16	C121439	吕文伟	湖南	83.8	104.6	92.7	90.4	78.3	84.5	90.7	625
17	C121403	张雄杰	北京	90.4	103.6	95.3	93.8	72.3	94.6	74.2	624.2
18	C121432	孙玉敏	山东	86	98.9	96.4	89.1	73.1	93.9	84.6	622
19	C121424	孙令煊	北京	95.6	100.5	94.5	87.9	67.5	82.8	93.1	621.9
20	C121430	刘小锋	山西	89.3	106.4	94.4	83.9	79.8	91.2	76.5	621.5

图 5-23 "成绩-排序"工作表样张片段

	N26			fx								
	A	B	C	D	E	F	G	H	I	J	K	L
1	学号	姓名	籍贯	语文	数学	英语	物理	化学	品德	历史	总分	等级
2	C121402	郑菁华	北京	98.3	112.2	88	96.6	78.6	90	93.2	656.9	优
3	C121407	甄士隐	山西	107.9	95.9	90.9	95.6	89.6	90.5	84.4	654.8	优
4	C121419	刘小红	北京	99.3	108.9	91.4	97.6	91	91.9	85.3	665.4	优
5	C121422	姚南	北京	101.3	91.2	89	95.1	90.1	94.5	91.8	653	优
6	C121428	陈万地	河北	104.5	114.2	92.3	92.6	74.5	95	90.9	664	优
7	C121403	张雄杰	北京	90.4	103.6	95.3	93.8	72.3	94.6	74.2	624.2	良
8	C121404	江晓勇	山西	86.4	94.8	94.7	93.5	84.5	93.6	86.6	634.1	良
9	C121405	齐小娟	北京	98.7	108.8	87.9	96.7	75.8	78	88.3	634.2	良
10	C121406	孙如红	北京	91	105	94	75.9	77.9	94.1	88.4	626.3	良
11	C121411	张杰	北京	92.4	104.3	91.8	94.1	75.3	89.3	94	641.2	良
12	C121413	莫一明	北京	98.7	91.9	91.2	78.8	81.6	94	88.9	625.1	良
13	C121424	孙令煊	北京	95.6	100.5	94.5	87.9	67.5	82.8	93.1	621.9	良
14	C121426	齐飞扬	天津	99	109.4	85.4	88.7	68.3	89.1	80.9	620.8	良
15	C121430	刘小锋	山西	89.3	106.4	94.4	83.9	79.8	91.2	76.5	621.5	良
16	C121432	孙玉敏	山东	86	98.9	96.4	89.1	73.1	93.9	84.6	622	良
17	C121435	倪冬声	北京	90.9	105.8	94.1	81.2	87	93.7	93.5	646.2	良
18	C121437	康秋林	河北	84.8	105.5	89	92.2	82.6	83.9	92.5	630.5	良
19	C121438	钱飞虎	北京	85.5	97.2	84.5	96.7	81.1	88.7	94.3	628	良
20	C121439	吕文伟	湖南	83.8	104.6	92.7	90.4	78.3	84.5	90.7	625	良

图 5-24 "成绩-按等级排序"工作表样张片段

	A5			fx	C121404							
	A	B	C	D	E	F	G	H	I	J	K	L
1	学号	姓名	籍贯	语文	数学	英语	物理	化学	品德	历史	总分	等级
5	C121404	江晓勇	山西	86.4	94.8	94.7	93.5	84.5	93.6	86.6	634.1	良
8	C121407	甄士隐	山西	107.9	95.9	90.9	95.6	89.6	90.5	84.4	654.8	优
9	C121408	周梦飞	北京	80.8	92	96.2	73.6	68.9	78.7	93	583.2	差
23	C121422	姚南	北京	101.3	91.2	89	95.1	90.1	94.5	91.8	653	优
26	C121425	杜学江	北京	84.8	98.7	82.1	90.4	86.7	80.5	65.1	588.5	差
33	C121432	孙玉敏	山东	86	98.9	96.4	89.1	73.1	93.9	84.6	622	良
39	C121438	钱飞虎	北京	85.5	97.2	84.5	96.7	81.1	88.7	94.3	628	良

图 5-25 "成绩-筛选"工作表样张片段

	K81		fx							
1 2 3 4 5	A	B	C	D	E	F	G	H	I	J
1	学号	姓名	籍贯	语文	数学	英语	物理	化学	品德	历史
29		北京	最小值	80.80	78.40	82.10	73.60	61.60	75.50	65.10
30		北京	最大值	105.70	112.20	98.70	97.60	91.00	96.10	95.70
31		北京	平均值	94.99	97.13	91.81	89.28	75.54	86.57	84.40
35		河北	最小值	84.80	101.80	89.00	76.90	74.50	80.20	81.10
36		河北	最大值	104.50	114.20	92.30	92.60	85.50	95.00	92.30
37		河北	平均值	93.67	107.17	90.73	87.23	80.87	86.37	88.17
39		河南	最小值	93.30	83.20	93.50	78.30	67.60	77.20	79.60
40		河南	最大值	93.30	83.20	93.50	78.30	67.60	77.20	79.60
41		河南	平均值	93.30	83.20	93.50	78.30	67.60	77.20	79.60
44		湖北	最小值	75.60	81.80	78.20	74.70	71.50	81.80	67.30
45		湖北	最大值	85.00	113.60	96.00	76.10	83.30	89.00	68.60
46		湖北	平均值	80.30	97.70	87.10	75.40	77.40	85.40	67.95
49		湖南	最小值	78.50	104.60	92.70	78.60	78.30	84.50	64.20
50		湖南	最大值	83.80	111.40	96.30	90.40	81.60	90.90	90.70
51		湖南	平均值	81.15	108.00	94.50	84.50	79.95	87.70	77.45
53		吉林	最小值	89.60	85.50	91.30	90.70	66.40	96.50	80.20
54		吉林	最大值	89.60	85.50	91.30	90.70	66.40	96.50	80.20
55		吉林	平均值	89.60	85.50	91.30	90.70	66.40	96.50	80.20
58		山东	最小值	86.00	80.10	77.90	76.90	73.10	75.60	67.10

图 5-26　"成绩-分类汇总"工作表样张片段

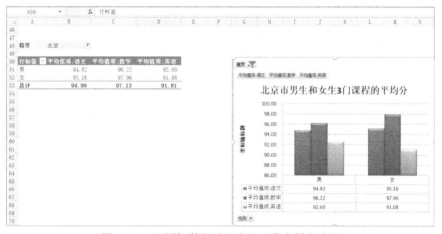

图 5-27　"成绩-数据透视表"工作表样张片段

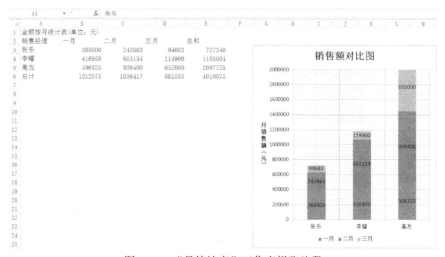

图 5-28　"月统计表"工作表样张片段

四、自测操作题

打开素材文件夹中的文件"实验五自测题.xlsx"，进行下列操作。

1. 为"客户资料"工作表的"性别"列数据区域添加数据验证，以便仅可在其中输入数据"男"或"女"，如果输入其他内容，则弹出样式为"停止"的出错警告，错误信息为"仅可输入中文!"。

2. 根据"按年龄和性别"工作表中的数据创建图表，显示各年龄段不同性别的顾客人数。按照图1列出的要求修改图表，并将图表移至名为"各年龄段人数"的新工作表中。最终效果图参考素材文件夹中的"各年龄段顾客.png"。

样式	样式7
垂直轴线条	无
水平轴刻度线	无
网格线	无
图例	图表底部
系列线	短画线
图表标题	嵌入图表的文本框，与图表同宽，并与图表顶端对齐；文字垂直方向中部对齐，水平方向左对齐；并设置恰当文本框的填充颜色和字体颜色。

图1 图表的修改要求

3. 为"2016年消费"工作表中的数据建立分类汇总，要求统计出每个顾客一年的消费总金额，只显示一年的汇总消费信息。

4. 以"社保计算"工作表为数据源，参照图2，在新建工作表"透视分析"的A3单元格开始生成数据透视表，要求如下。

① 列标题应与示例图相同。

② 按图中所示调整工资总额的数字格式。

③ 改变数据透视表样式。

	A	B	C	D
1				
2				
3	社保基数	人数	工资总额（元）	工资总额占比
4	4200-7200	53	293,886.00	35.23%
5	7200-10200	29	248,337.00	29.77%
6	10200-13200	8	88,285.00	10.58%
7	13200-16200	3	40,716.00	4.88%
8	16200-19200	2	33,280.00	3.99%
9	19200-22200	5	129,696.00	15.55%
10	总计	100	834,200.00	100.00%

图2 数据透视表参考样张

5. 将素材文件夹中以逗号作为分隔符分隔的文本文件"员工档案.csv"自A1单元格开始导入新建工作表"员工基础档案"中，导入的身份证号码必须为文本格式。将第1列数据从左到右依次分成"工号"列和"姓名"列显示。

实验六

Excel 常用函数和公式的使用

一、实验目的

1. 掌握单元格的相对引用和绝对引用;
2. 掌握函数的基本输入方法;
3. 掌握自定义名称的方法;
4. 掌握常用函数的使用方法。

二、实验内容

打开素材文件夹中的文件"Excel3-素材.xlsx",按照如下要求操作,最终以"E3-班级-学号.xlsx"为文件名保存文件。

1. 在"学生成绩表"工作表中计算每名学生的平均分和总分,四舍五入到整数。

【提示】

(1) 平均分和总分的计算使用 AVERAGE 函数与 SUM 函数。单击"开始"选项卡中"编辑"选项组的"自动求和"下拉按钮,显示常用的函数,如图 6-1 所示,依次选择"平均值"命令和"求和"命令。

(2) 四舍五入到整数可用 ROUND 函数实现,语法格式如下:

```
ROUND(number, num_digits)
```

其中,number 是要四舍五入的数字;num_digits 是位数,即按此位数对参数 number 进行四舍五入。例如,ROUND(1234.567, 2)的返回值是 1234.57,ROUND(1234.567, 0)的返回值是 1235。

【思考】上面的四舍五入如果采用设置单元格格式的方法,将小数位数修改为 0,是否可以实现?这种方法和使用 ROUND 函数有什么区别?

2. 嵌套 IF 函数的使用。在"学生成绩表"工作表中计算总评,按如表 6-1 所示的要求用四级制表示。

图 6-1　常用的函数

表 6-1　总分与总评对照表

总分	总评
大于 520 分	优秀
大于 500 分且小于或等于 520 分	良好
大于 470 分且小于或等于 500 分	中等
小于或等于 470 分	差

【提示】在 M3 单元格中输入公式“=IF(L3>520, "优秀", IF(L3>500, "良好", IF(L3>470, "中等", "差")))”（见图 6-2），输入完成后按 Enter 键。M4:M48 单元格区域用填充句柄自动填充。

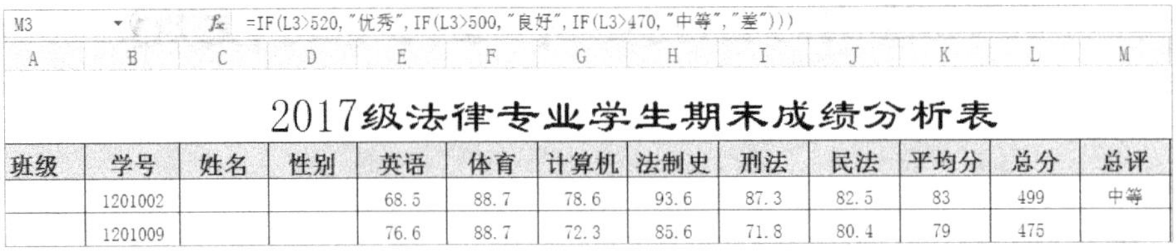

班级	学号	姓名	性别	英语	体育	计算机	法制史	刑法	民法	平均分	总分	总评
	1201002			68.5	88.7	78.6	93.6	87.3	82.5	83	499	中等
	1201009			76.6	88.7	72.3	85.6	71.8	80.4	79	475	

图 6-2　用嵌套 IF 函数计算总评

3. 在“学生成绩表”工作表中按总分从高到低的顺序计算总分排名，如总分最高者显示为“第 1 名”。

【提示】

（1）计算总分排名。

对第 1 个学生，总分放在 L3 单元格中，名次结果放在 N3 单元格中。所有学生的成绩放在 L3:L48 单元格区域中。通过 RANK 函数来实现排名，在 N3 单元格中输入公式“RANK(L3, $L$3:$L$48)”。排序范围一定要使用绝对地址，按 F4 键可以将相对地址转换为绝对地址。其余学生的排名用填充句柄实现。

（2）在排名前后加上汉字“第”和“名”。

Excel 中的“&”是连接符，用于将不同的内容连接在一起。若连接的是文本，则必须加双引号。RANK 函数的返回值是阿拉伯数字，只需要在数字前加上“第”，在数字后加上“名”。因此，将 N3 单元格的公式修改为“= "第" &RANK(L3, $L$3:$L$48) & "名"”，如图 6-3 所示。

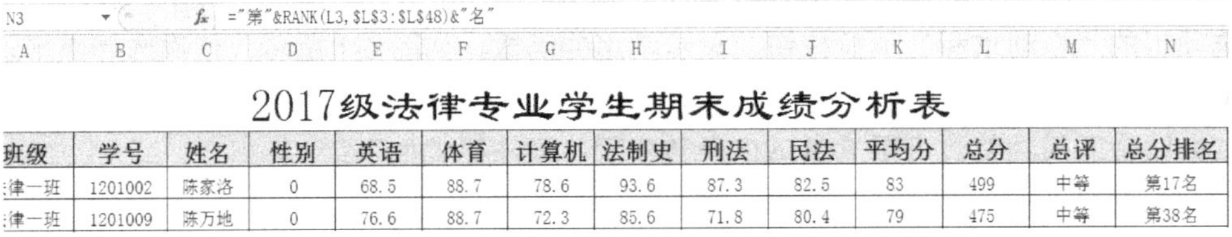

班级	学号	姓名	性别	英语	体育	计算机	法制史	刑法	民法	平均分	总分	总评	总分排名
律一班	1201002	陈家洛	0	68.5	88.7	78.6	93.6	87.3	82.5	83	499	中等	第17名
律一班	1201009	陈万地	0	76.6	88.7	72.3	85.6	71.8	80.4	79	475	中等	第38名

图 6-3　用 RANK 函数计算排名

【思考】如果将总分排名显示格式修改为“第一名”“第二名”等，应如何修改公式？

4. 在“学生成绩表”工作表中，利用公式，根据学生的学号，将其班级的名称填入“班级”列，规则如下：学号的第 3 位为专业代码，第 4 位代表班级序号，即 01 为“法律一班”，02 为“法律二班”，03 为“法律三班”，04 为“法律四班”。

【提示】

（1）方法一：使用 LOOKUP 函数。

在 A3 单元格中输入公式“=LOOKUP(MID(B3, 3, 2), {"01", "02", "03", "04"},{"法律一班", "法律二班", "法律三班", "法律四班"})”，如图 6-4 所示。输入完毕后，按 Enter 键。其余单元格使用填充句柄自动填充。

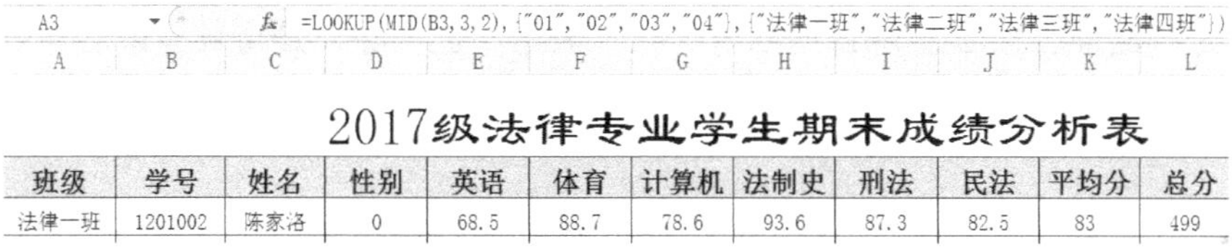

A3　　=LOOKUP(MID(B3,3,2),{"01","02","03","04"},{"法律一班","法律二班","法律三班","法律四班"})

2017级法律专业学生期末成绩分析表

班级	学号	姓名	性别	英语	体育	计算机	法制史	刑法	民法	平均分	总分
法律一班	1201002	陈家洛	0	68.5	88.7	78.6	93.6	87.3	82.5	83	499

图 6-4　LOOKUP 函数使用示例

【注意】此处的 LOOKUP 函数采用数组形式在数组的第 1 行或第 1 列查找指定的数值，然后返回数组的最后一行或最后一列中相同位置的数值。MID 函数表示从一个文本字符串的指定位置开始，截取指定数目的字符。

（2）方法二：使用 TEXT 函数。

班级的数目较多时，用 LOOKUP 函数的写法就比较烦琐，这时可以用 TEXT 函数将阿拉伯数字直接转换为大写的汉字形式。在 A3 单元格中输入公式“="法律"&TEXT(MID(B3, 3, 2), " [DBNum1] ")&"班"”，如图 6-5 所示。

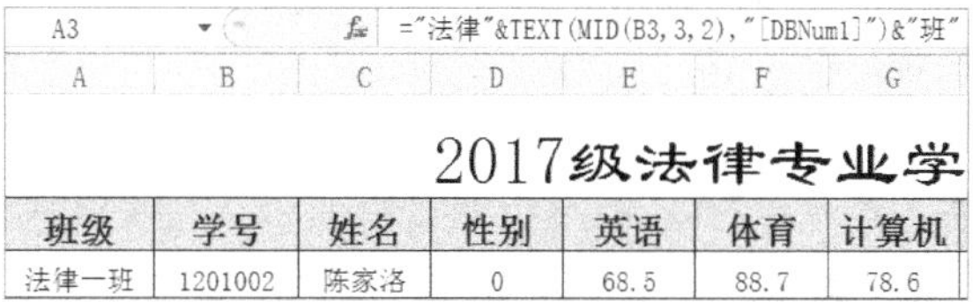

A3　　="法律"&TEXT(MID(B3,3,2),"[DBNum1]")&"班"

2017级法律专业学

班级	学号	姓名	性别	英语	体育	计算机
法律一班	1201002	陈家洛	0	68.5	88.7	78.6

图 6-5　TEXT 函数使用示例（一）

其中，TEXT 函数的第 2 个参数是格式化信息，其他常用的格式化参数如图 6-6 所示。

format_text(单元格格式)	说明
G/通用格式	常规格式
"000.0"	小数点前面不够 3 位以0补齐，保留1位小数，不足 1 位以0补齐
####	没用的0一律不显示
00.##	小数点前不足2 位以0补齐，保留 2位，不足 2位不补位
正数；负数；零	大于0，显示为“正数”
	等于0，显示为“零”
	小于0，显示为“负数”
0000-00-00	按所示形式表示日期
0000年00月00日	
aaaa	显示为中文星期几全称
aaa	显示为中文星期几简称
dddd	显示为英文星期几全称
[DBNum1]	将数字0~9转换为中文小写数字形式
[DBNum2]	将数字0~9转换为中文大写数字形式
0.00,K	以千为单位
#!.0000万元	以万元为单位，保留4位小数
#!.0,万元	以万元为单位，保留1位小数

图 6-6　TEXT 函数中常用的格式化参数

5．在“学生信息表”工作表中，利用公式及函数输入每名学生的性别。身份证号码的倒数第 2 位用于判断性别，奇数为男性，偶数为女性。

【提示】在“学生信息表”工作表的 D2 单元格中输入公式“=IF(MOD(MID(C2, 17, 1), 2)=1, "男", "女")”，如图 6-7 所示。其中，MID 函数的功能是取出身份证号码的倒数第 2 位；MOD

函数的功能是判断能否被 2 整除，返回值"=1"表示不能整除，是奇数；最后通过 IF 函数返回性别"男"或"女"。

图 6-7　MOD 函数使用示例

【思考】ISODD 函数和 ISEVEN 函数可以判断奇偶性。例如，ISODD(1)返回 True，说明 1 是奇数；ISEVEN(2)返回 True，说明 2 是偶数。请将本题中性别的判断改为使用 ISODD 函数实现。

6. 在"学生信息表"工作表中，利用公式及函数输入每名学生的出生日期，格式为"××××年××月××日"。身份证号码的第 7~14 位代表出生年、月、日。

【提示】

（1）方法一：使用连接符"&"。

在"学生信息表"工作表的 E2 单元格中输入公式"=MID(C2, 7, 4) & "年" & MID(C2, 11, 2) & "月" & MID(C2, 13, 2) & "日""，如图 6-8 所示。

图 6-8　连接符"&"使用示例

（2）方法二：使用 TEXT 函数。

在"学生信息表"工作表的 E2 单元格中输入公式"=TEXT(MID(C2, 7, 8), "0000 年 00 月 00 日")"，如图 6-9 所示。其中"0000 年 00 月 00 日"就是格式化参数，更多的参数请参考图 6-6。

图 6-9　TEXT 函数使用示例（二）

7. 在"学生信息表"工作表中，利用公式及函数输入每名学生的年龄。年龄需要按周岁计算，满 1 年才计 1 岁，每月按 30 天计算，1 年按 360 天计算。

【提示】在"学生信息表"工作表的 F2 单元格中输入公式"=ROUNDDOWN(DAYS360(E2, TODAY())/360, 0)"，如图 6-10 所示。其中，DAYS360 按照 1 年 360 天的算法计算 2 个日期相差的天数。ROUNDDOWN 函数表示向下取整，向上取整的函数是 ROUNDUP。

F2	▼	fx	=ROUNDDOWN(DAYS360(E2, TODAY())/360, 0)		
A	B	C	D	E	F
学号	姓名	身份证号码	性别	出生日期	年龄
1204025	曾令铨	110101200001051054	男	2000年01月05日	18
1201001	白宏伟	110102199812191513	男	1998年12月19日	19
1201024	侯登科	110102199903292713	男	1999年03月29日	18

图 6-10 ROUNDDOWN 函数使用示例

【思考】下面两个公式也能计算年龄，它们有区别吗？是否可以用于本题？请说明理由。

（1）"=INT((TODAY()-E2)/360)"

（2）"=INT(DATEDIF(E2, TODAY(), "d")/360)"

8．根据学号，在"学生成绩表"工作表的"姓名"列和"性别"列中，使用 VLOOKUP 函数完成姓名和性别的自动填充。"学号"和"姓名"的对应关系在"学生信息表"工作表中。

【提示】

（1）方法一：使用自定义名称来表示查找范围。

① 在"学生信息表"工作表中，选中 A2:F60 单元格区域，单击鼠标右键，在弹出的快捷菜单中选择"定义名称"命令，如图 6-11 所示；或者单击"公式"选项卡中"定义的名称"选项组的"定义名称"下拉按钮，如图 6-12 所示。这两种方法都可以打开"新建名称"对话框。

图 6-11 "定义名称"方法一　　　　图 6-12 "定义名称"方法二

② 在"新建名称"对话框中，在"名称"文本框中输入"学号姓名对照表"，在"引用位置"文本框中输入 A2:F60 单元格区域的绝对引用，如图 6-13 所示。名称可在工作簿的任意一个工作表中直接使用。

【注意】名称可以通过单击"公式"选项卡中"定义的名称"选项组的"名称管理器"按钮进行新建、编辑、删除，也可以在"名称"文本框中直接修改。"名称管理器"对话框如图 6-14 所示。

图 6-13 "新建名称"对话框　　　　图 6-14 "名称管理器"对话框

③ 在"学生成绩表"工作表的 C3 单元格中输入公式"=VLOOKUP(B3, 学号姓名对照表, 2, FALSE)"，按 Enter 键后，姓名会自动填充，如图 6-15 所示。其余单元格使用填充句柄自动填充。性别的自动填充使用公式"=VLOOKUP(B3, 学号姓名对照表, 4, FALSE)"。

【注意】对上述 2 个函数的意义的解释如下：用 B3 单元格对应的学号在"学号姓名对照表"区域中进行精确查找，找到后返回"学号姓名对照表"中对应行的第 2 列（姓名）或第 4 列（性别）的值。其中，"学号姓名对照表"是自定义名称。

（2）方法二：直接使用单元格地址来表示查找范围。

在"学生成绩表"工作表的 C3 单元格中输入公式"=VLOOKUP(B3, 学生信息表!$A$2:$F$60, 2, FALSE)"，实现姓名的自动填充。在"学生成绩表"工作表的 D3 单元格中输入公式"=VLOOKUP(B3, 学生信息表!$A$2:$F$60, 4, FALSE)"，实现性别的自动填充。

9．在"统计表"工作表中，利用公式及函数在 B3:B6 单元格区域中计算出相应的结果，结果保留 0 位小数。

【提示】

（1）所有班级优秀学生人数。

在 B3 单元格中输入公式"=COUNTIF(学生成绩表!M3:M48, "优秀")"，如图 6-16 所示。对 M3:M48 单元格区域中内容是"优秀"的单元格进行计数。

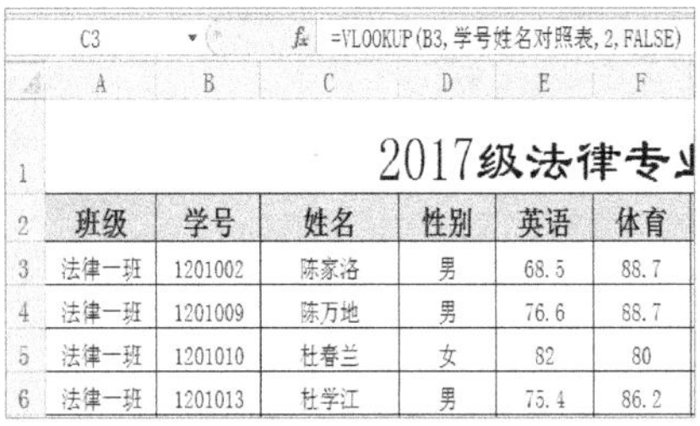

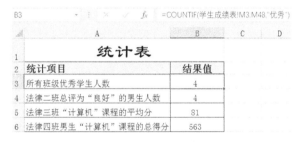

图 6-15　VLOOKUP 函数使用示例　　　　图 6-16　COUNTIF 函数使用示例

（2）法律二班总评为"良好"的男生人数。

本小题共有 3 个条件：班级是"法律二班"；性别是"男"；总评是"良好"。

COUNTIF 函数只能包含一个条件，多个条件的计数可用 COUNTIFS 函数。在 B4 单元格中输入公式"=COUNTIFS(学生成绩表!M3:M48, "良好", 学生成绩表!A3:A48, "法律二班", 学生成绩表!D3:D48, "男")"，如图 6-17 所示。

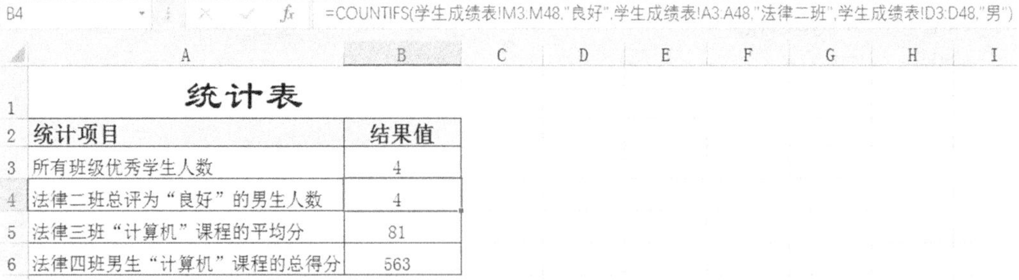

图 6-17　COUNTIFS 函数使用示例

【思考】COUNT 函数、COUNTIF 函数和 COUNTIFS 函数有什么不同？

（3）法律三班"计算机"课程的平均分。

求算术平均值的函数系列有 AVERAGE、AVERAGEA、AVERAGEIF 和 AVERAGEIFS。本小题中的"计算机"是求平均值列，"法律三班"是条件，故使用 AVERAGEIF 函数。包含多个条件时，使用 AVERAGEIFS 函数。在 B5 单元格中输入公式"=AVERAGEIF(学生成绩表!A3:A48,"法律三班",学生成绩表!G3:G48)"，如图 6-18 所示。

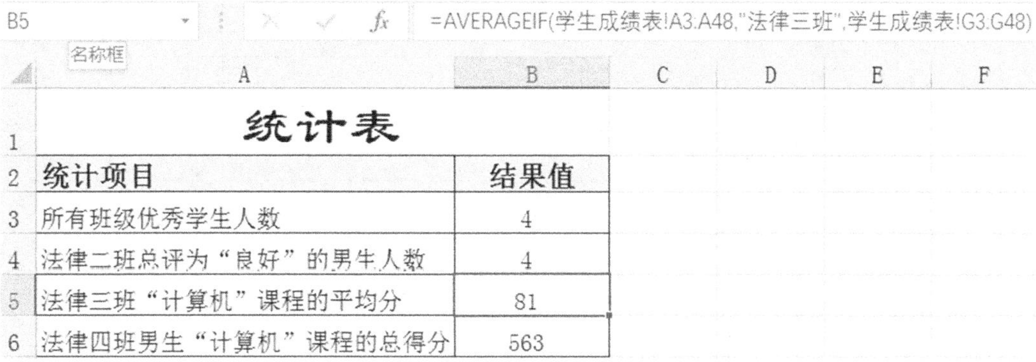

图 6-18　AVERAGEIF 函数使用示例

（4）法律四班男生"计算机"课程的总得分。

求和函数系列包括 SUM、SUMIF、SUMIFS 和 SUMPRODUCT。在 B6 单元格中输入公式"=SUMIFS(学生成绩表!G3:G48, 学生成绩表!A3:A48,"法律四班", 学生成绩表!D3:D48, "男")"，如图 6-19 所示。

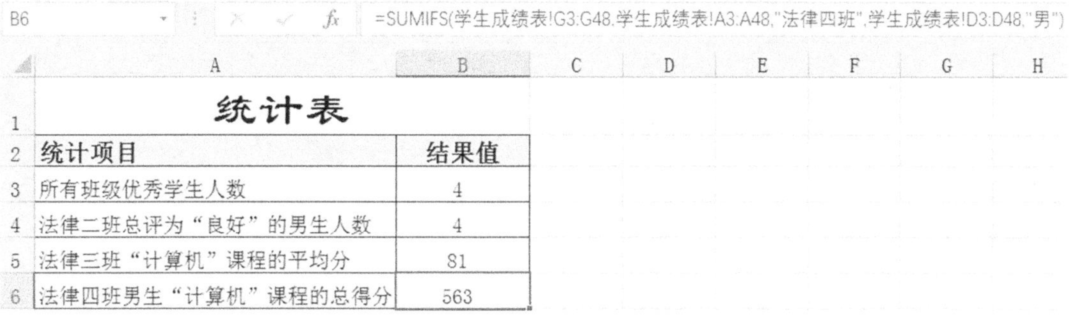

图 6-19　SUMIFS 函数使用示例

【注意】SUMIF 函数只能计算满足一个条件的求和，书写方式为 SUMIF(条件区域, 条件值, 求和区域)；SUMIFS 函数可以使用多个条件格式进行求和，书写方式为 SUMIFS(求和区域, 条件 1 区域, 条件值 1, 条件 2 区域, 条件值 2, …)。需要注意的是，SUMIF 函数和 SUMIFS 函数中求和区域位置的不同。

三、样张

"学生成绩表"样张如图 6-20 所示。

班级	学号	姓名	性别	英语	体育	计算机	法制史	刑法	民法	平均分	总分	总评	总分排名
												2017级法律专业学生期末成绩分析表	
法律一班	1201002	陈家洛	0	68.5	88.7	78.6	93.6	87.3	82.5	83	499	中等	第17名
法律一班	1201009	陈万地	0	76.6	88.7	72.3	85.6	71.8	80.4	79	475	中等	第38名
法律一班	1201010	杜春兰	0	82	80	68	82.6	78.8	75.5	78	467	差	第41名
法律一班	1201013	杜学江	0	75.4	86.2	89.1	88.6	77.1	77.6	82	494	中等	第23名
法律一班	1201015	方天宇	0	87.6	90.6	82.1	92.6	84.1	83.2	87	520	优秀	第4名
法律一班	1201019	符坚	0	93	87.9	76.5	87.6	82.3	83.9	85	511	良好	第8名
法律一班	1201021	郭晶晶	0	85.2	85	94.2	85.6	80.5	86	86	517	良好	第5名
法律一班	1201024	侯登科	0	78.2	90.7	71	91.3	81.2	80.4	82	493	中等	第25名
法律二班	1202001	侯小文	0	84.4	93.6	65.8	88.6	79.5	77.6	82	490	中等	第29名
法律二班	1202003	黄蓉	0	88.8	87.4	83.5	84.6	80.9	82.5	85	508	良好	第12名
法律二班	1202004	吉莉莉	0	79.9	92	53	84	83.7	86	79	476	中等	第37名
法律二班	1202006	江晓勇	0	79.2	90.4	73	86.6	75.3	79.7	81	484	中等	第32名
法律二班	1202007	康秋林	0	78.8	90.3	71.6	86.3	79.5	83.2	82	490	中等	第28名
法律二班	1202009	郎润	0	75.4	87.7	83.5	79.2	86.8	81.8	82	494	中等	第22名
法律二班	1202010	李北寰	0	84.2	87.8	68.6	87.6	80.9	86	83	495	中等	第20名
法律二班	1202011	李春娜	0	86.5	88.2	80.7	84.9	73.7	79.7	82	494	中等	第24名
法律二班	1202013	刘小锋	0	94.3	92.5	68.6	92.9	79.8	78.3	84	506	良好	第13名
法律二班	1202014	刘小红	0	84.4	91.5	78.6	87.3	81.3	81.8	84	505	良好	第16名
法律二班	1202016	吕文伟	0	89.9	90.6	77.7	89.6	81.6	83.9	86	513	良好	第7名
法律二班	1202017	马小军	0	72.1	85.1	84.2	90.9	81.6	81.1	83	495	中等	第21名
法律二班	1202019	毛兰儿	0	71.7	87.3	78.5	86.6	75	81.1	80	480	中等	第34名
法律二班	1202020	董一明	0	86.2	87.2	92.8	80.9	89.4	83.9	88	530	优秀	第1名

图 6-20 "学生成绩表" 样张

"学生信息表" 样张如图 6-21 所示。

学号	姓名	身份证号码	性别	出生日期	年龄
1204025	曾令铨	110101200001051054	男	2000年01月05日	18
1201001	白宏伟	110102199812191513	男	1998年12月19日	19
1201024	侯登科	110102199903292713	男	1999年03月29日	18
1203023	孙如红	110102199904271532	男	1999年04月27日	18
1202009	郎润	110102199905240451	男	1999年05月24日	18
1201013	杜学江	110102199905281913	男	1999年05月28日	18
1203016	苏三强	110103199903040920	女	1999年03月04日	18
1203025	孙玉霞	110103199903270623	女	1999年03月27日	18
1202004	吉莉莉	110103199904290936	男	1999年04月29日	18
1202008	吉祥	110103199909021144	女	1999年09月02日	18
1201009	陈万地	110104199810261737	男	1998年10月26日	19
1202019	毛兰儿	110104199903051216	男	1999年03月05日	18
1201010	杜春兰	110105199807142140	女	1998年07月14日	19
1201005	李燕	110105199809121104	女	1998年09月12日	19
1202022	倪冬声	110105199810212519	男	1998年10月21日	19
1203017	孙令煊	110105199811111135	男	1998年11月11日	19
1204012	闫朝露	110105199906036123	女	1999年06月03日	18
1201012	孙玉敏	110106199707120123	女	1997年07月12日	20
1201021	郭晶晶	110106199903293913	男	1999年03月29日	18

图 6-21 "学生信息表" 样张

"统计表" 样张如图 6-22 所示。

统计表

统计项目	结果值
所有班级优秀学生人数	4
法律二班总评为"良好"的男生人数	4
法律三班"计算机"课程的平均分	81
法律四班男生"计算机"课程的总得分	563

图 6-22 "统计表"样张

四、自测操作题

打开素材文件夹中的文件"实验六自测题.xlsx",然后进行下列操作。

1. 在"客户资料"工作表中进行下列操作。

① 在 D 列中,计算每位顾客截至 2017 年 1 月 1 日的年龄,规则为每到下一个生日,计 1 岁。

② 在 E 列中,计算每位顾客截至 2017 年 1 月 1 日所处的年龄段,年龄段的划分标准位于"按年龄和性别"工作表的 A 列中。(要求使用嵌套 IF 语句实现)

③ 在 F 列中用函数计算每位顾客 2016 年全年的消费金额,各季度的消费情况位于"2016 年消费"工作表中,将 F 列的计算结果修改为货币格式,保留 0 位小数。

2. 根据"客户资料"工作表中的数据,选用适当的函数将"按年龄和性别"工作表中的灰色空白单元格进行填充。

3. 在"员工档案"工作表中,按照下列要求对员工档案数据表进行完善。

① 输入每位员工的身份证号码,员工编码与身份证号码的对应关系见"身份证校对"工作表。如果已校对出错误,应将正确的身份证号码填写入"员工档案"工作表中(假设所有错误号码都是最后一位校验码输入错误导致的)。

② 计算每位员工截至 2016 年 12 月 31 日的年龄,每满 1 年才计算 1 岁,1 年按 365 天计算。

③ 在"工作状态"列的空白单元格中填入文本"在职"。

④ 计算每位员工在本公司的工龄,要求不足半年按半年计、超过半年按 1 年计,1 年按 365 天计算,保留 1 位小数。其中,"在职"员工的工龄计算截止到 2016 年 12 月 31 日,离职和退休人员的工龄计算截止到各自离职或退休的时间。

⑤ 计算每位员工的工龄工资,公式为工龄工资=本公司工龄×50。

⑥ 计算员工的工资总额,公式为工资总额=工龄工资+签约工资+上年月均奖金。

实验七

Excel 复杂函数和公式的使用

一、实验目的

1. 掌握复杂函数的使用方法；
2. 掌握各种函数的灵活运用。

二、实验内容

打开素材文件夹中的文件"Excel4-素材.xlsx"，按照如下要求操作，最终以"E4-班级-学号.xlsx"为文件名保存文件。

图 7-1 "设置单元格格式"对话框

1. 在"费用报销管理"工作表的"星期几"列中，用公式计算每个报销日期属于星期几。例如，报销日期为"2013 年 1 月 20日"的应填入"星期日"，报销日期为"2013年 1 月 21 日"的应填入"星期一"。

【提示】

（1）方法一：设置单元格格式。

将 A3:A400 单元格区域的数据复制到 B3:B400 单元格区域，选中 B 列，单击鼠标右键，在弹出的快捷菜单中选择"设置单元格格式"命令，在打开的对话框中，按照如图 7-1 所示进行设置。

【思考】如果采用更改单元格格式的方法将日期显示为"星期几"，那么引用 B3 单元格时得到的内容是什么？

（2）方法二：使用 LOOKUP 函数。

在 B3 单元格中输入公式"=LOOKUP(WEEKDAY(A3, 2), {1, 2, 3, 4, 5, 6, 7}, {"星期一", "星期二", "星期三", "星期四", "星期五", "星期六", "星期日"})"，如图 7-2 所示。输入完毕后，按Enter 键，并用填充句柄填充 B4:B400 单元格区域。

其中，WEEKDAY(date, type)函数返回代表一个星期中第几天的数值。其中，date 为日期；type 表示返回值是从 1 到 7 还是从 0 到 6，以及从星期几开始计数。本题中采用的 type 参数是2，表示从星期一到星期日，分别返回 1 到 7。

B3 =LOOKUP(WEEKDAY(A3, 2), {1,2,3,4,5,6,7}, {"星期一","星期二","星期三","星期四","星期五","星期六","星期日"})

	A	B	C	D	E	F	G
1				XXX公司差旅报销管理			
2	报销日期	星期几	报销人	活动地点	地区	费用类别编号	费用类
3	2016年1月15日	星期五	王崇江	福建省厦门市思明区莲岳路118号中烟大厦1702室		BIC-001	
4	2016年1月16日	星期六	唐雅林	广东省深圳市南山区蛇口港湾大道2号		BIC-002	
5	2016年1月17日	星期日	钱顺卓	上海市闵行区浦星路699号		BIC-003	
6	2016年1月18日	星期一	刘露露	上海市浦东新区世纪大道100号上海环球金融中心56楼		BIC-004	
7	2016年1月19日	星期二	张哲宇	海南省海口市琼山区红城湖路22号		BIC-005	
8	2016年1月20日	星期三	边金双	云南省昆明市官渡区拓东路6号		BIC-006	

图 7-2 LOOKUP 函数使用示例

（3）方法三：在 B3 单元格中输入公式“=TEXT(A3, "aaaa")”。

【思考】如何用 TEXT 函数将日期显示为简写的英文星期几形式，如星期一到星期日分别显示为“Mon、Tue、Wed、Thu、Fri、Sat、Sun”。

2．若“日期”列中的日期为星期六或星期日，则在“是否加班”列的单元格中显示“是”，否则显示“否”（必须使用公式）。

【提示】如果在第 1 小题中使用的是方法一，那么可以在 I3 单元格中输入公式“=IF(WEEKDAY(A3, 2)>5, "是", "否")”。如果在第 1 小题中使用方法二或方法三，那么可以在 I3 单元格中输入公式“=IF(OR(B3= "星期六", B3= "星期日"), "是", "否")”。

3．使用公式统计每个活动地点所在的地区，要求精确到“市”，并将其填写到“地区”列所对应的单元格中，如直辖市填写“××市”，非直辖市填写“××省××市”。

【提示】无论是直辖市还是非直辖市，只要找到字符“市”在“活动地点”字符串中的位置，就可以把“活动地点”以“市”为分界点分成 2 个字符串，将其左半部分取出即可。

在 E3 单元格中输入公式“=LEFT(D3, FIND("市", D3))”，如图 7-3 所示。

E3 =LEFT(D3,FIND("市",D3))

A	B	C	D	E
			XXX公司差旅报销管理	
报销日期	星期几	报销人	活动地点	地区
2016年1月15日	星期五	王崇江	福建省厦门市思明区莲岳路118号中烟大厦1702室	福建省厦门市
2016年1月16日	星期六	唐雅林	广东省深圳市南山区蛇口港湾大道2号	广东省深圳市
2016年1月17日	星期日	钱顺卓	上海市闵行区浦星路699号	上海市
2016年1月18日	星期一	刘露露	上海市浦东新区世纪大道100号上海环球金融中心56楼	上海市

图 7-3 LEFT 函数使用示例

4．依据“费用类别编号”列的内容，使用 VLOOKUP 函数生成“费用类别”列的内容。对照关系参考“费用类别”工作表。

【提示】在 G3 单元格中输入公式“=VLOOKUP(F3, 表 4, 2, FALSE)”，其中“表 4”是名称，引用范围是“费用类别”工作表中的 A3:B12 单元格区域。

VLOOKUP 函数也可以使用图形化界面输入，具体步骤如下。

（1）选择 G3 单元格，然后单击“公式”选项卡中“函数库”选项组的“插入函数”按钮，在“或选择类别”下拉列表中选择“查找与引用”选项，在“选择函数”列表框中选择“VLOOKUP”选项，如图 7-4 所示。

（2）在"函数参数"对话框中依次填写条件，如图 7-5 所示。

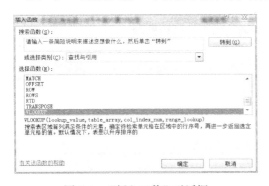 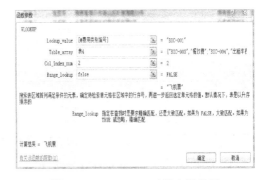

图 7-4 "插入函数"对话框　　　　　图 7-5 VLOOKUP 函数参数设置

（3）单击"确定"按钮完成公式的输入，使用填充句柄自动填充该列的其余单元格。

【思考】如何用名称管理器将名称"表 4"修改为"对照表"？修改后对公式有影响吗？

5．在"差旅成本分析报告"工作表的 B4 单元格中，统计 2016 年员工刘露露报销的火车票费用总金额。

【提示】费用总金额是对 H 列（票据单价）和 I 列（票据张数）的乘积进行求和，可以使用 SUMPRODUCT 函数，具体步骤如下。

（1）选择 B3 单元格，然后单击"公式"选项卡中"函数库"选项组的"插入函数"按钮，在"或选择类别"下拉列表中选择"数学与三角函数"选项，在"选择函数"列表框中选择"SUMPRODUCT"选项。

（2）在"函数参数"对话框中依次填入条件，如图 7-6 所示。

图 7-6 SUMPRODUCT 函数使用示例（一）

其中，参数 Array1 和 Array2 代表票据单价与票据张数，Array3 和 Array4 代表两个条件。需要注意的是，这里是通过"1*条件"把条件转换成数值的。最终的公式为"=SUMPRODUCT(费用报销管理!\$H\$3:\$H\$400, 费用报销管理!\$I\$3:\$I\$400, 1*(费用报销管理!\$C\$3:\$C\$400="刘露露"), 1*(费用报销管理!\$G\$3:\$G\$400="火车票"))"。

6．在"差旅成本分析报告"工作表的 B3 单元格中，统计 2016 年第 1 季度发生在上海市的差旅费用总金额。

【提示】在 B4 单元格中插入函数 SUMPRODUCT，参数设置如图 7-7 所示，最终的公式为

"=SUMPRODUCT(费用报销管理!H3:H400, 费用报销管理!I3:I400, 1*(费用报销管理!E3:E400="上海市"), 1*(费用报销管理!A3:A400<=DATE(2016, 3, 31)))"。

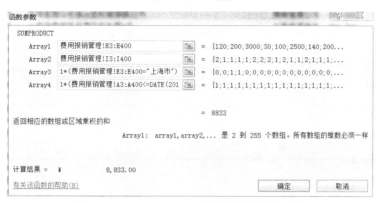

图 7-7　SUMPRODUCT 函数使用示例（二）

7．在"差旅成本分析报告"工作表的 B5 单元格中，统计 2016 年差旅费用中飞机票费用占所有报销费用的比例，采用百分比形式并保留 2 位小数。

【提示】在 B5 单元格中输入公式"=SUMPRODUCT(费用报销管理!H3:H400, 费用报销管理!I3:I400, 1*(费用报销管理!G3:G400="飞机票"))/SUMPRODUCT(费用报销管理!H3:H400, 费用报销管理!I3:I400)"。

8．在"差旅成本分析报告"工作表的 B6 单元格中，统计 2016 年发生在周末（星期六和星期日）的出租车费总金额。

【提示】在 B6 单元格中插入函数 SUMPRODUCT，参数设置如图 7-8 所示，最终的公式为"=SUMPRODUCT(费用报销管理!H3:H400, 费用报销管理!I3:I400, 1*(费用报销管理!J3:J400="是"), 1*"费用报销管理!G3:G400="出租车费"))"。

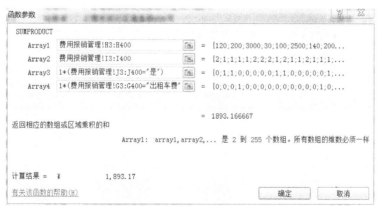

图 7-8　SUMPRODUCT 函数使用示例（三）

9．在"主要城市降水量"工作表中，将 A 列数据中城市名称的汉语拼音删除，并在城市名后面添加文本"市"，如"北京市"（要求：必须用函数实现）。

【提示】在 S2 单元格中输入公式"=LEFT(A2, LENB(A2)-LEN(A2))& "市""（见图 7-9），即可去掉 A2 单元格中的拼音。使用填充句柄自动填充 S3:S32 单元格区域。选中 S2:S32 单元格区域并复制，然后选中 A2 单元格，单击"开始"选项卡中"剪贴板"选项组的"粘贴"下拉按钮，在弹出的下拉菜单中选择"选择性粘贴"命令，用粘贴"值"的方式把剪贴板中的内容粘贴到 A 列。"选择性粘贴"对话框如图 7-10 所示。

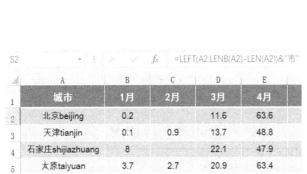

图 7-9 用函数去掉城市名中的拼音   图 7-10 "选择性粘贴"对话框

【思考】LENB 函数计算单元格内容所占的字节数，LEN 函数计算单元格内容所占的字符数，两者之差恰好是单元格中包含的汉字的个数。请思考其中的原因。

10．在"主要城市降水量"工作表的 P3 单元格中建立数据验证，仅允许在该单元格中填入 A2:A32 单元格区域的城市名称；在 Q2 单元格中建立数据验证，仅允许在该单元格中填入 B1:M1 单元格区域的月份名称；在 Q3 单元格中建立公式，使用 INDEX 函数和 MATCH 函数，根据 P3 单元格中的城市名称和 Q2 单元格中的月份名称，查询对应的降水量。以上 3 个单元格最终显示的结果为南京市 6 月的降水量。

【提示】

（1）选择 P3 单元格，单击"数据"选项卡中"数据工具"选项组的"数据验证"下拉按钮，在弹出的下拉菜单中选择"数据验证"命令。

（2）参照如图 7-11 所示设置"数据有效性"对话框。

（3）Q2 单元格中的数据验证操作同上，参照图 7-12 进行设置。

图 7-11 P3 单元格中数据有效性的设置   图 7-12 Q2 单元格中数据有效性的设置

（4）在 Q3 单元格中输入公式"=INDEX(A2:M32, MATCH(P3, A2:A32, 0), MATCH(Q2, B1:M1, 0)+1)"。

【**注意**】INDEX 函数的语法格式为 INDEX(单元格区域, 行号, 列号), 它返回单元格区域中指定行列的值。MATCH 函数的语法格式为 MATCH(指定值, 单元格区域, 匹配类型), 它返回指定值在单元格区域中的位置。

	6月
南京市 ▾	131.7

图 7-13 南京市 6 月的降水量数据

（5）选择 P3 单元格，单元格的右侧会出现一个下拉按钮，单击这个下拉按钮，在弹出的列表框中选择"南京市"，单击 Q2 单元格右侧的下拉按钮，在弹出的列表框中选择"6 月"，此时 Q3 单元格中会显示南京市 6 月的降水量数据，如图 7-13 所示。

三、样张

"费用报销管理"工作表样张如图 7-14 所示。

报销日期	星期几	报销人	活动地点	地区	费用类别编号	费用类别	票据单价	票据张数	是否加班
2016年1月15日	星期五	王崇江	福建省厦门市思明区莲岳路118号中烟大厦1702室	福建省厦门市	BIC-001	飞机票	¥ 120.00	2	否
2016年1月16日	星期六	唐雅林	广东省深圳市南山区蛇口港滨大道2号	广东省深圳市	BIC-002	酒店住宿	¥ 200.00	1	是
2016年1月17日	星期日	钱顺卓	上海市闵行区浦星路699号	上海市	BIC-003	餐饮费	¥ 3,000.00	1	是
2016年1月18日	星期一	刘露露	上海市浦东新区世纪大道100号上海环球金融中心56楼	上海市	BIC-004	出租车费	¥ 30.00	1	否
2016年1月19日	星期二	张哲宇	海南省海口市琼山区红城湖路22号	海南省海口市	BIC-005	火车票	¥ 100.00	1	否
2016年1月20日	星期三	边金双	云南省昆明市官渡区拓东路6号	云南省昆明市	BIC-006	高速道桥费	¥ 2,500.00	2	否
2016年1月21日	星期四	赵琳艳	广东省深圳市龙岗区坂田	广东省深圳市	BIC-007	燃油费	¥ 140.00	2	否
2016年1月22日	星期五	陈祥通	江西省南昌市西湖区洪城路289号	江西省南昌市	BIC-005	火车票	¥ 200.00	2	否
2016年1月23日	星期六	余雅丽	北京市海淀区东北旺西路8号	北京市	BIC-006	高速道桥费	¥ 345.00	1	是
2016年1月24日	星期日	方嘉康	北京市西城区西绒线胡同51号中国会	北京市	BIC-007	燃油费	¥ 22.00	2	是
2016年1月25日	星期一	王海德	贵州省贵阳市云岩区中山西路51号	贵州省贵阳市	BIC-008	停车费	¥ 246.00	2	否
2016年1月26日	星期二	孟天祥	贵州省贵阳市中山西路51号	贵州省贵阳市	BIC-009	通讯补贴	¥ 388.00	1	否
2016年1月27日	星期三	刘露露	辽宁省大连市中山区长江路123号大连日航饭店4层清苑厅	辽宁省大连市	BIC-010	火车票	¥ 29.00	2	否
2016年1月28日	星期四	黎浩然	四川省成都市城市名人酒店	四川省成都市	BIC-003	餐饮费	¥ 500.00	1	否
2016年1月29日	星期五	关天胜	山西省大同市南城墙永泰西门	山西省大同市	BIC-004	出租车费	¥ 45.00	1	否
2016年1月30日	星期六	李雅洁	浙江省杭州市西湖区北山路78号香格里拉饭店东楼1栋555房	浙江省杭州市	BIC-005	火车票	¥ 532.60	1	是
2016年1月31日	星期日	边金双	浙江省杭州市西湖区紫金港路21号	浙江省杭州市	BIC-006	高速道桥费	¥ 606.50	2	否
2016年2月1日	星期一	邹佳楠	北京市西城区阜成门外大街29号	北京市	BIC-007	燃油费	¥ 680.40	1	否
2016年2月2日	星期二	刘露露	福建省厦门市软件园二期观日路44号9楼	福建省厦门市	BIC-006	高速道桥费	¥ 754.30	2	否
2016年2月3日	星期三	刘长辉	广东省广州市天河区黄埔大道666号	广东省广州市	BIC-006	高速道桥费	¥ 828.20	1	否
2016年2月4日	星期四	孟天祥	广东省广州市天河区林和西路1号广州国际贸易中心42层	广东省广州市	BIC-007	燃油费	¥ 902.10	2	否
2016年2月5日	星期五	唐雅林	江苏省南京市白下区汉中路89号	江苏省南京市	BIC-009	通讯补贴	¥ 976.00	1	否
2016年2月6日	星期六	钱顺卓	天津市和平区南京路189号	天津市	BIC-009	通讯补贴	¥ 1,049.90	1	否
2016年2月7日	星期日	刘露露	山东省青岛市中皇冠假日酒店三层多功能厅	山东省青岛市	BIC-006	高速道桥费	¥ 1,123.80	2	否

图 7-14 "费用报销管理"工作表样张

"差旅成本分析报告"工作表样张如图 7-15 所示。

A	B
差旅成本分析报告	
统计项目	统计信息
2016年刘露露报销的火车票总计金额为：	¥ 4,202.60
2016年第 1 季度发生在上海市的差旅费用金额总计为：	¥ 8,833.00
2016年差旅费用金额中，飞机票占所有报销费用的比例为（保留2位小数）	4.92%
2016年发生在周末（星期六和星期日）中的出租车费总金额为：	¥ 1,893.17

图 7-15 "差旅成本分析报告"工作表样张

"主要城市降水量"工作表样张如图 7-16 所示。

城市	1月	2月	3月	4月	5月	6月	7月	8月	9月	10月	11月	12月	合计降水量（毫米）
北京	0.2	0	11.6	63.6	64.1	125.3	79.3	132.1	118.9	31.1	0	0.1	
天津	0.1	0.9	13.7	48.8	21.2	131.9	143.4	71.3	68.2	48.5	0	4.1	
石家庄	8	0	22.1	47.9	31.5	97.1	129.2	238.6	116.4	16.6	0.2	0.1	
太原	3.7	2.7	20.9	63.4	17.6	103.8	23.9	45.2	56.7	17.4	0	0	
呼和浩特	6.5	2.9	20.3	11.5	7.9	137.4	165.5	132.7	54.9	24.7	6.7	0	
沈阳	0	1	37.2	71	79.1	88.1	221.1	109.3	70	17.9	8.3	18.7	
长春	0.2	0.5	32.5	22.3	62.1	152.5	199.8	150.5	63	17	14.1	2.3	
哈尔滨	0	0	21.8	31.3	71.3	57.4	94.8	46.1	80.4	18	9.3	8.6	
上海	90.9	32.3	30.1	55.5	84.5	300	105.8	113.5	109.3	56.7	81.6	26.3	
南京	110.1	18.9	32.2	90	81.4	131.7	193.3	191	42.4	38.4	27.5	18.1	
杭州	91.7	61.4	37.7	101.9	117.7	361	114.4	137.5	44.2	67.4	118.5	20.5	
合肥	89.8	12.6	37.3	59.4	72.5	203.8	162.3	177.7	5.6	50.4	28.3	10.5	
福州	70.3	46.9	68.7	148.3	266.4	247.6	325.6	104.4	40.8	118.5	35.1	12.2	
南昌	75.8	48.2	145.3	157.4	104.1	427.6	133.7	68	31	16.6	138.7	9.7	
济南	6.8	5.9	13.1	53.5	61.6	27.2	254	186.7	73.9	18.6	3.4	0.4	
郑州	17	2.5	2	90.8	59.4	24.6	309.7	58.5	64.4	13.3	12.9	3.1	
武汉	72.4	20.7	79	54.3	344.2	129.4	148.1	240.7	40.8	92.5	39.1	5.6	
长沙	96.4	53.8	159.9	101.6	110	116.4	215	143.9	146.7	55.8	243.9	9.5	
广州	98	49.9	70.9	111.7	285.2	834.6	170.3	188.4	262.6	136.4	61.9	14.1	
南宁	76.1	70	18.7	45.2	121.8	300.6	260.1	317.4	187.6	47.6	156	23.9	

	6月
南京	131.7

图 7-16 "主要城市降水量"工作表样张

四、自测操作题

打开素材文件夹中的文件"实验七自测题.xlsx"，然后进行下列操作。

1. 在"身份证校对"工作表中按照下列规则及要求对员工的身份证号码进行正误校对。

中国公民的身份证号码由 18 位数字组成，最后一位（即第 18 位）为校验码，通过前 17 位计算得出。第 18 位校验码的计算方法如下：将身份证的前 17 位数字分别与对应系数相乘，将乘积之和除以 11，所得余数与第 18 位校验码一一对应。从第 1 位到第 17 位的对应系数，以及余数与校验码对应关系参见"校对参数"工作表中所列。

① 首先在"身份证校对"工作表中将身份证号码的 18 位数字自左向右拆分到对应列。

② 通过前 17 位数字及"校对参数"工作表中的校对系数计算出校验码，并填入 V 列中。

③ 将原身份证号码的第 18 位与计算出的校验码进行对比，对比结果填入 W 列，要求对比相符时输入文本"正确"，不符时输入"错误"。

④ 如果校对结果错误，则通过设置条件格式将错误身份证号码所在的数据行以"红色"文字、浅绿色填充。

2. 在"社保计算"工作表中，按照下列要求计算每个员工本年度每月应缴纳的社保金额。

① 依据"员工档案"工作表中的数据，筛选出所有"在职"员工的"员工编号"、"姓名"和"工资总额"这 3 列的数据，依次填入 B、C、D 列中，并按员工编号由小到大排序。

② 本市上年职工平均月工资为 7086 元，首先将其定义为常量"人均月工资"，然后依据如图 1 所示的规则计算每位员工的"社保基数"，并填入相应 E 列中，计算时需要在公式中调用新定义的常量"人均月工资"：社保基数最低为人均月工资 7086 元的 60%，最高为人均月工资 7086 元的 3 倍。

③ 每个人每个险种应缴纳的社保费=个人的社保基数×相应的险种费率，按照"社保费率"工作表中所列险种费率分别计算每位在职员工应缴纳的各险种费用，包括公司负担和个人负担部分。其中，医疗个人负担=社保基数×医疗个人负担比例+个人额外费用 3 元。

条件	社保基数
工资总额<最低基数	最低基数
工资总额>最高基数	最高基数
最低基数≤工资总额≤最高基数	工资总额

图 1　社保基数计算规则

④ 将数据表中的 D 列至 O 列设置为货币型（不带货币符号），精确到小数点后 2 位。将数据区域转化为表格，并套用表格样式浅色 6，取消自动筛选标记。

幻灯片的基本操作

一、实验目的

1. 掌握幻灯片中字体、版式等的设置操作；
2. 了解主题的应用；
3. 了解新建相册的方法；
4. 掌握插入幻灯片、图片、超链接等其他内容的操作方法；
5. 掌握设置幻灯片的切换和动画效果，以及 SmartArt 图形的操作方法。

二、实验内容

1. 根据素材文件夹中的"天河二号素材.docx"及相关图片文件，按照如下要求制作幻灯片。

2. 创建一个演示文稿，包含 10 张幻灯片，标题幻灯片 1 张，概况 2 张，特点、技术参数、自主创新和应用领域各 1 张，图片欣赏 3 张（其中有 1 张是图片欣赏标题页）。幻灯片必须选择一种设计主题，要求字体和色彩合理、美观大方。

【提示】

（1）创建一个演示文稿，新建 10 张幻灯片。

（2）为幻灯片选择一种主题：选择"设计"→"主题"命令，然后选择一种合适的主题。

3. 所有幻灯片中除了标题和副标题，其他文字的字体均设置为"微软雅黑"。将幻灯片保存为"PPT1-学号-姓名.pptx"。

【提示】可以通过幻灯片母版进行设置。

4. 第 1 张幻灯片为标题幻灯片，标题为"'天河二号'超级计算机"，副标题为"——2014年再登世界超算榜首"。

【提示】单击"开始"选项卡中"幻灯片"选项组的"版式"下拉按钮，在弹出的列表框中选择"标题幻灯片"选项，把素材中的"'天河二号'超级计算机"复制到幻灯片标题位置，"——2014年再登世界超算榜首"复制到幻灯片副标题位置。

5. 第 2 张幻灯片采用"两栏内容"的版式，左边一栏为文字，右边一栏为图片，图片为素材文件夹中的"Image1.jpg"。

【提示】

（1）将第 2 张幻灯片版式设为"两栏内容"，在第 2 张幻灯片的左栏粘贴文字。

（2）将鼠标光标放到右栏，选择"插入"→"图片"命令，找到素材中的"Image1.jpg"图片并"插入"。

6. 第 3～7 张幻灯片的版式均为"标题和内容"。素材中的黄底文字即为相应的幻灯片的标题文字。

【提示】

（1）将第 3～7 张幻灯片的版式设置为"标题和内容"。

（2）复制素材中相应幻灯片的标题和内容文字。

7. 第 4 张幻灯片的标题为"二、特点"，将其中的内容设为"垂直块列表" SmartArt 对象，素材中红色文字为一级内容，蓝色文字为二级内容。然后为该 SmartArt 图形设置动画，要求组合图形"逐个"播放，并将动画的开始设置为"上一动画之后"。

【提示】

（1）选择"插入"→"SmartArt"→"列表"→"垂直块列表"命令，然后单击"确定"按钮，如图 8-1 所示。

（2）素材中的红色文字放在左边框中，蓝色文字放在右边框中。

（3）添加左边框，单击鼠标右键，选择"添加形状"→"在后面添加形状"命令，如图 8-2 所示。

图 8-1 "选择 SmartArt 图形"对话框   图 8-2 "添加形状"菜单

（4）添加右边框，先选中左边框，然后单击鼠标右键，选择"添加形状"→"在下方添加形状"命令。

（5）选中 SmartArt 图，选择"动画"选项卡，在"动画"选项组中选择一种动画效果。

（6）单击"动画"→"效果选项"下拉按钮，在"序列"栏中选择"逐个"，如图 8-3 所示。

8. 利用相册功能为素材文件夹中的"Image2.jpg"～"Image9.jpg"这 8 张图片新建相册，要求每张幻灯片包括 4 张图片，相框的形状为"居中矩形阴影"；将标题"相册"更改为"六、图片欣赏"。将相册中的所有幻灯片复制到"PPT1-学号-姓名.pptx"中。

【提示】

（1）单击"插入"选项卡中"图像"选项组的"相册"下拉按钮，在弹出的下拉菜单中选择"新建相册"命令，弹出的"相册"对话框如图 8-4 所示，在"图片版式"下拉列表中选择"4 张图片"选项，在"相框形状"下拉列表中选择"居中矩形阴影"选项，然后单击"创建"按钮。

图 8-3 "效果选项"菜单　　　　　图 8-4 "相册"对话框

（2）把新建相册的标题"相册"更改为"六、图片欣赏"。

（3）选中相册中的所有幻灯片，将其复制到"PPT1-学号-姓名.pptx"中。

9．将该演示文稿分为 4 节，第 1 节的节名为"标题"，包含 1 张标题幻灯片；第 2 节的节名为"概况"，包含 2 张幻灯片；第 3 节的节名为"特点、参数等"，包含 4 张幻灯片；第 4 节的节名为"图片欣赏"，包含 3 张幻灯片。每节的幻灯片均为同一种切换方式，不同节之间的幻灯片切换方式不同。

【提示】

（1）将鼠标光标定位到第 1 张幻灯片前，单击鼠标右键，在弹出的快捷菜单中选择"新增节"命令，如图 8-5 所示。

（2）在节名处单击鼠标右键，在弹出的快捷菜单中选择"重命名节"命令，如图 8-6 所示。

（3）在"重命名节"对话框的"节名称"文本框中输入第 1 节的名称"标题"，如图 8-7 所示。

图 8-5 选择"新增节"命令　　图 8-6 选择"重命名节"命令　　图 8-7 "重命名节"对话框

（4）依次设置第 2 节、第 3 节、第 4 节的名称。

（5）选中第 1 张幻灯片，选择一种切换方式，再选中第 2 张和第 3 张幻灯片，选择另一种切换方式，依次设置其他节的幻灯片切换方式。

10．除标题幻灯片外，在其他幻灯片的页脚显示幻灯片编号。

【提示】

（1）选择"插入"→"页眉和页脚"命令，如图 8-8 所示。

图 8-8　选择"页眉和页脚"命令

（2）在打开的"页眉和页脚"对话框中勾选"幻灯片编号"和"标题幻灯片中不显示"复选框，然后单击"全部应用"按钮，如图 8-9 所示。

11．利用母版功能使每张幻灯片显示操作者的学号和姓名。

【提示】

（1）单击"视图"选项卡中"母版视图"选项组的"幻灯片母版"按钮，打开"幻灯片母版"窗口，选择第 1 个幻灯片母版。

（2）在右边窗口的幻灯片页脚处插入一个文本框，在文本框中输入作者的学号和姓名，如图 8-10 所示。

图 8-9　"页眉和页脚"对话框

图 8-10　编辑幻灯片母版

（3）关闭母版视图。

12．将幻灯片设置为循环放映方式，如果不单击，10 秒后自动切换至下一张幻灯片。

【提示】

（1）单击"幻灯片放映"选项卡中"设置"选项组的"排练计时"按钮（见图 8-11），每张幻灯片的放映时间为 10 秒。

（2）在"放映类型"选项组中选中"演讲者放映（全屏幕）"单选按钮，在"放映选项"选项组中选中"循环放映，按 ESC 键终止"单选按钮，在"推进幻灯片"选项组中选中"如果出现计时，则使用它"单选按钮，然后单击"确定"按钮，如图 8-12 所示。

图 8-11　单击"排练计时"按钮　　　　图 8-12　"设置放映方式"对话框

三、样张

样张如图 8-13 所示。

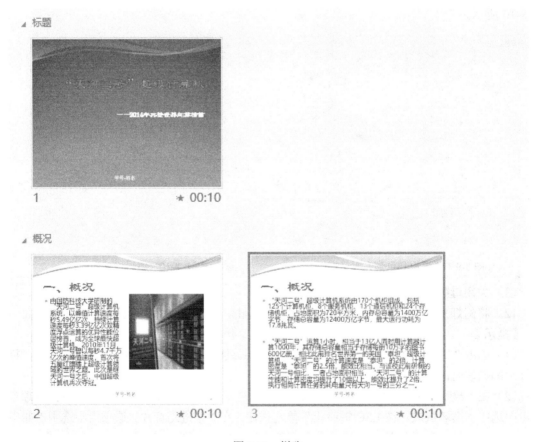

图 8-13　样张

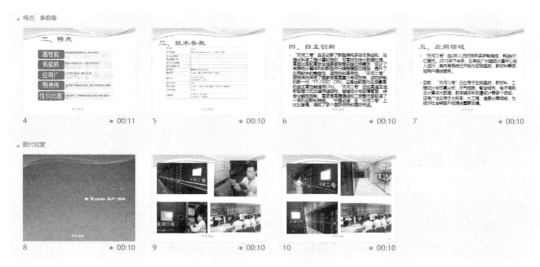

图 8-13 样张（续）

四、自测操作题

文字资料及素材请参考"水资源利用与节水（素材）.docx"，制作要求如下。

1. 标题页包含主题、制作者和日期（××××年××月××日）。

2. 演示文稿必须指定一个主题，幻灯片不少于 5 张，且版式不少于 3 种。

3. 演示文稿中除文字外要有 2 张或 2 张以上的图片，并添加图片播放方式。

4. 动画效果要丰富，幻灯片切换效果要多样。

5. 将制作完成的演示文稿以"水资源利用与节水.pptx"为文件名进行保存。

幻灯片中动画技术和多媒体技术的使用

一、实验目的

1. 掌握幻灯片字体、背景等的设置方法；
2. 掌握插入艺术字、超链接和音频等其他内容的操作方法；
3. 掌握设置幻灯片的切换和动画效果、文字转换为 SmartArt 图形的方法；
4. 掌握在多张幻灯片中播放音频的方法；
5. 掌握幻灯片放映的设置方法。

二、实验内容

1. 打开素材中的"PPT 素材.pptx"，将其另存为"PPT2-学号-姓名.pptx"，以下操作在此文件中进行。

2. 将演示文稿中第 1 张幻灯片的背景图片应用到第 2 张幻灯片。

【提示】

（1）选中第 1 张幻灯片，单击鼠标右键，在弹出的快捷菜单中选择"保存背景"命令，如图 9-1 所示，将背景图片保存到"实验九"文件夹中。

（2）选中第 2 张幻灯片，单击"设计"→"设置背景格式"按钮，在窗口中的"填充"选项中选中"图片或纹理填充"单选按钮，单击"插入自"下方的"文件"按钮，如图 9-2 所示。在"实验九"文件夹中找到刚刚保存的背景图片，单击"插入"按钮，然后单击"关闭"按钮。

图 9-1　选择"保存背景"命令

图 9-2　"设置背景格式"对话框

3. 将文档中所有中文文字的字体由"宋体"替换为"微软雅黑"。

【提示】

（1）单击"开始"选项卡中"编辑"选项组的"替换"下拉按钮，在弹出的下拉菜单中选择"替换字体"命令。

（2）在"替换"下拉列表中选择"宋体"选项，在"替换为"下拉列表中选择"微软雅黑"选项，单击"替换"按钮。

4．在第 2 张幻灯片中，将"信息工作者的每一天"改成艺术字，将艺术字的动画效果设置为"飞入"。

【提示】

（1）单击"插入"选项卡中"文本"选项组的"艺术字"下拉按钮，选择合适的艺术字体。选择"绘图工具"的"格式"上下文选项卡，再选择"形状效果"进行修改，如图 9-3 所示。

图 9-3　艺术字的"格式"上下文选项卡

（2）选中艺术字，选择"动画"→"飞入"命令。

5．在第 5 张幻灯片中插入"饼图"图形，用于展示如下沟通方式所占的比例。为饼图添加系列名称和数据标签，调整大小并放于幻灯片适当位置。将设置该图表的动画效果设置为按类别逐个扇区上浮进入。

消息沟通 24%

会议沟通 36%

语音沟通 25%

企业社交 15%

图 9-4　将数据复制到 Excel 中

【提示】

（1）将鼠标光标放到第 5 张幻灯片上，单击"插入"选项卡中"插图"选项组的"图表"按钮，在弹出的对话框中选择"饼图"，然后选择一种饼图，单击"确定"按钮。

（2）这时系统会打开 Excel 文件，以默认的数据表生成一个饼图。将 Excel 表格调整为 5 行 2 列（根据沟通方式所占的比例表的大小来定），复制"沟通方式所占的比例"表的数据，然后替换 Excel 中的表格数据，如图 9-4 所示。

（3）选中饼图，单击"图表工具"的"设计"上下文选项卡中"图表布局"选项组的"快速布局"下拉按钮，然后选择"布局 4"选项。

6．在第 7 张幻灯片后插入一张新的幻灯片，将该幻灯片的版式设置为"标题和内容"。在标题位置输入"作品赏析"；在内容文本框中输入 3 行文字，分别为"湖光春色"、"冰消雪融"和"田园风光"。

7．将"湖光春色"、"冰消雪融"和"田园风光"这 3 行文字转换为样式为"蛇形图片半透明文本"的 SmartArt 对象，并将 Photo（1）.jpg、Photo（6）.jpg 和 Photo（11）.jpg 定义为该 SmartArt 对象的显示图片。

【提示】

（1）选中这 3 行文本，单击鼠标右键，在弹出的快捷菜单中选择"转换为 SmartArt"→"其他 SmartArt 图形"命令，如图 9-5 所示。

（2）选择"图片"中的"蛇形图片半透明文本"，单击"确定"按钮，如图 9-6 所示。

 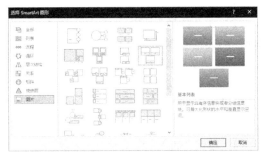

图 9-5　"转化为 SmartArt"子菜单　　　图 9-6　"选择 SmartArt 图形"对话框

（3）依次单击图片图标，在"实验九"文件夹中分别选择 Photo（1）.jpeg、Photo（6）.jpeg 和 Photo（11）.jpeg。

8．为 SmartArt 对象添加"轮子"的进入动画效果，并对动画重新排序。

9．新建第 9～11 张幻灯片，每张幻灯片包含 4 张图片，分别按顺序对应素材中的 Photo（1）.jpeg 至 Photo（12）.jpeg。

【提示】

（1）新建 3 张幻灯片，版式选择"空白"。

（2）单击"插入"选项卡中"图像"选项组的"图片"按钮，在第 9 张幻灯片中插入"实验九"文件夹中的 Photo（1）.jpeg 至 Photo（4）.jpeg，先设置图片大小，然后调整对齐。第 10 张、第 11 张幻灯片的制作方法与第 9 张相同。

10．在 SmartArt 对象元素中添加幻灯片跳转链接，使单击"湖光春色"可跳转到第 9 张幻灯片，单击"冰消雪融"可跳转到第 10 张幻灯片，单击"田园风光"可跳转到第 11 张幻灯片。

【提示】选中文字并单击鼠标右键，在弹出的快捷菜单中选择"超链接"→"本文档中的位置"命令，这样就可以对幻灯片进行链接，如图 9-7 所示。

11．在第 2 张幻灯片后插入背景音频文件。

【提示】

（1）插入音频后单击"小喇叭"下拉按钮，在"音频工具"中选择"播放"上下文选项卡，在"开始"下拉列表中选择"自动"选项，勾选"放映时隐藏"、"循环播放，直到停止"和"播完返回开头"这 3 个复选框，如图 9-8 所示，使播放幻灯片时音乐贯穿始终。

图 9-7　"插入超链接"对话框　　　　图 9-8　设置"音频工具"的"播放"上下文选项卡

（2）单击"动画"选项卡中"高级动画"选项组的"动画窗格"按钮，选中"动画窗格"中音乐对应窗格右击，选择"效果"选项，在"开始播放"选项组中选中"从上一位置"单选按钮，在"停止播放"选项组中选中"在 11 张幻灯片后"单选按钮，如图 9-9 所示。

12．将第 9～11 张幻灯片中的图片进行动画设置，并在"动画窗格"中对图片的播放顺序进行修改。

【提示】

（1）选中一张图片，选择"动画"选项卡中"动画"选项组的一种动画，依次设置其他图片的动画。

（2）在"动画窗格"中可以修改图片的播放顺序，选中一张图片，按住鼠标左键拖曳，可以改变图片的顺序，如图 9-10 所示。

图 9-9　"播放音频"对话框

图 9-10　动画窗格

13．插入一个新的幻灯片母版，命名为"中国梦母版 2"，其背景图片为素材文件"母版背景图片 2.jpg"，将图片平铺为纹理。设置第 5 张幻灯片和第 8 张幻灯片应用该母版中适当的版式。

【提示】

（1）单击"视图"选项卡中"母版视图"选项组的"幻灯片母版"按钮，然后单击"插入幻灯片母版"按钮，如图 9-11 所示。

（2）选中新插入母版的第 1 张母版，单击鼠标右键，在弹出的快捷菜单中选择"重命名版式"命令，如图 9-12 所示。

图 9-11　插入幻灯片母版

图 9-12　选择"重命名版式"命令

图 9-13 "设置背景格式"窗格

（3）选择"幻灯片母版"→"背景样式"→"设置背景格式"命令。

（4）在打开的窗格中选中"图片或纹理填充"单选按钮，单击"插入"按钮，勾选下方的"将图片平铺为纹理"复选框，单击"关闭"按钮，如图 9-13 所示。

（5）选中第 5 张幻灯片，单击鼠标右键，在弹出的快捷菜单中选择"版式"→"中国梦母版 2"→"仅标题"版式。第 8 张幻灯片的设置方法与此相同。

14．在该演示文稿中创建一个演示方案，该演示方案包含第 1、2、4、7 张幻灯片，并将该演示方案命名为"放映方案 1"。

【提示】

（1）选择"幻灯片放映"→"自定义幻灯片放映"→"自定义放映"命令。

（2）在"自定义放映"对话框中单击"新建"按钮，打开"定于自定义放映"对话框，在该对话框的"幻灯片放映名称"文本框中输入"放映方案 1"，在左边的列表框中选择第 1、2、4 和 7 张幻灯片，单击"添加"按钮添加到右边的"在自定义放映中的幻灯片"列表中，然后单击"确定"按钮，如图 9-14 所示。

图 9-14 "定义自定义放映"对话框

15．在该演示文稿中创建一个演示方案，该演示方案包含第 1、2、3、5、6 张幻灯片，并将该演示方案命名为"放映方案 2"。

【提示】创建方法仿照"放映方案 1"。

三、样张

样张如图 9-15 所示。

图 9-15　样张

四、自测操作题

请利用所学知识修改"新员工入职培训.pptx"中的内容，具体要求如下。

1．将第 2 张幻灯片版式设置为"标题和竖排文字"，将第 4 张幻灯片的版式设置为"比较"，然后为整个演示文稿指定一个恰当的设计主题。

2．通过幻灯片母版为每张幻灯片增加利用艺术字制作的水印效果，水印文字中应包含"新世界数码"字样，并旋转一定的角度。

3．根据第 5 张幻灯片右侧的文字内容创建一个组织结构图，其中总经理助理为助理级别，结果与 Word 样例文件"组织结构图样例.docx"类似，并为该组织结构图添加任意动画效果。

4．设置每张幻灯片的文字格式，添加图片，并为幻灯片添加适当的动画效果。

5．为演示文稿设置不少于 3 种的幻灯片切换方式。

6．为第 6 张幻灯片左侧的文字"员工守则"加入超链接，链接到 Word 素材文件"员工守则.docx"中，并为该张幻灯片添加适当的动画效果。

表和数据库的基本操作

一、实验目的

1. 掌握 Access 2016 数据库的创建方法和过程；
2. 掌握 Access 2016 表的创建方法和过程；
3. 掌握 Access 2016 字段属性的设置方法；
4. 掌握 Access 2016 记录的输入方法；
5. 掌握 Access 2016 表间关联关系的建立。

二、实验内容

1. 建立一个名为"图书馆查询管理系统"的数据库。

启动 Access 2016 后，在 Access 2016 程序窗口左侧的"文件"选项卡中选择"新建"命令，如图 10-1 所示[①]，然后在程序窗口中部的"新建"选项卡中选择"空白数据库"选项，如图 10-2 所示，在程序窗口右侧的"创建数据库"中，单击"文件夹"按钮，如图 10-3 所示，出现如图 10-4 所示的"文件新建数据库"对话框，在"文件名"文本框中输入"图书馆查询管理系统"，然后单击"确定"按钮，返回如图 10-3 所示的"创建数据库"界面，单击"创建"按钮。

图 10-1　"文件"选项卡

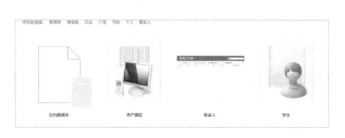

图 10-2　选择"空白数据库"选项

图 10-3　"创建数据库"界面

---

① 软件图中"账户"的正确写法应为"账户"。

图 10-4 "文件新建数据库"对话框

2. 通过"表设计"功能创建"图书信息表"，并输入如图 10-5 所示的记录。

图书信息表									
书籍编号	书籍名称	类别代码	出版社	作者姓名	书籍价格	书籍页码	登记日期	是否借出	单击以添加
1	数字电路	001	高等教育出版社	阎石	35	531	2008/3/5	✓	
2	数据库原理	001	高等教育出版社	萨师煊	27	472	2008/5/16	✓	
3	Access基础教程	002	水利水电出版社	于繁华	22	240	2008/9/8	☐	
4	文化基础	002	高等教育出版社	杨振山	22	300	2010/9/1	☐	
5	计算机网络	001	电子工业出版社	谢希仁	35	457	2011/10/12	✓	
6	计算机世界	003	计算机世界杂志社	计算机世界	8	64	2012/12/3	☐	
7	电脑爱好者	003	电脑爱好者杂志社	电脑爱好者	10	100	2012/11/5	☐	

图 10-5 "图书信息表"记录

（1）打开"图书馆查询管理系统"数据库，单击"创建"按钮，然后选择"表设计选项"，打开"表设计"窗口，如图 10-6 所示。

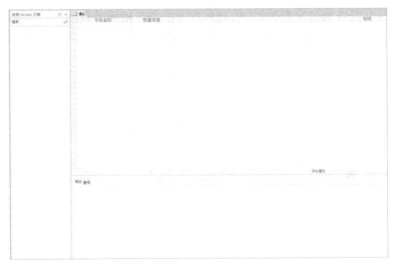

图 10-6 "表设计"窗口

（2）在"字段名称"列下的第一个空白行中输入"书籍编号"，并在本行"数据类型"列中选择"文本",将"常规"选项卡中的"字段大小"属性值改为"20",如图 10-7 所示。采用同样的方法按照如表 10-1 所示的图书信息表依次完成其他字段的定义。

表 10-1 图书信息表

字 段 名 称	数 据 类 型	长 度	备 注
书籍编号	文本	20	主键
书籍名称	文本	50	
类别代码	文本	5	
出版社	文本	50	
作者姓名	文本	30	
书籍价格	数字	单精度	格式：固定 小数位数：2
书籍页码	文本	10	
登记日期	日期/时间		
是否借出	是/否		格式：是/否

（3）完成所有字段的定义后，右键单击"书籍编号"字段行任意位置，在弹出的快捷菜单中选择"主键"命令，如图 10-8 所示，将"书籍编号"字段设为"图书信息表"的主键。

图 10-7 定义表中的字段 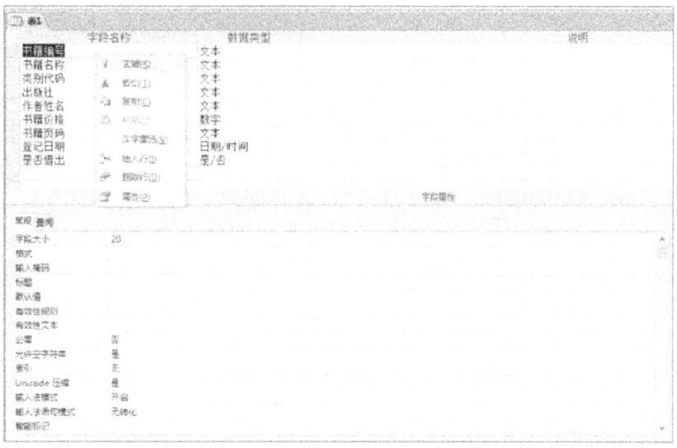　　　　　　　　　图 10-8 设置主键

（4）单击工具栏中的"保存"按钮，在如图 10-9 所示的"另存为"对话框中输入表的名称"图书信息表"。

图 10-9 "另存为"对话框

（5）在如图 10-10 所示的"设计"选项卡中，选择"视图"下拉列表中的"数据表视图"，

打开"图书信息表"，如图 10-11 所示，按照给定的信息输入记录。

图 10-10　"数据库"窗口

图 10-11　"图书信息表"的数据表视图

（6）输入"日期/时间"类型的数据时，如图 10-12 所示，既可以直接输入数据，也可以单击单元格右侧的"日期时间"按钮，通过"日期"控件选取。输入全部数据后关闭"数据库"窗口。

图 10-12　输入"日期/时间"类型的数据

参照以上设计过程继续创建"读者信息表"（见表 10-2）、"借阅信息表"（见表 10-3）、"图书类别表"（见表 10-4）和"基本信息表"（见表 10-5）。

表 10-2　读者信息表

字 段 名 称	数 据 类 型	长　　度	备　　注
读者编号	文本	15	主键
读者姓名	文本	10	
读者性别	文本	1	
办证日期	日期/时间		
联系电话	文本	30	
工作单位	文本	50	
家庭地址	文本	50	

表 10-3　借阅信息表

字 段 名 称	数 据 类 型	长　　度	备　　注
读者编号	文本	15	主键
书籍编号	文本	20	主键
借书日期	日期/时间		主键
还书日期	日期/时间		
超出天数	数字	整型	
罚款金额	数字	单精度	格式：固定 小数位数：2

表 10-4　图书类别表

字 段 名 称	数 据 类 型	长　　度	备　　注
类别代码	文本	5	主键
书籍类别	文本	20	
借出天数	数字	整型	

表 10-5　基本信息表

字 段 名 称	数 据 类 型	长　　度	备　　注
借出册数	数字	整型	
罚款	数字	单精度	格式：固定 小数位数：2

各个表的输入记录如图 10-13～图 10-16 所示。读者可以根据自身情况或通过设计视图练习表创建和输入记录的过程，也可以从实验素材“图书馆查询管理系统-样例.accdb”中复制粘贴“读者信息表”、“借阅信息表”、“图书类别表”和“基本信息表”。

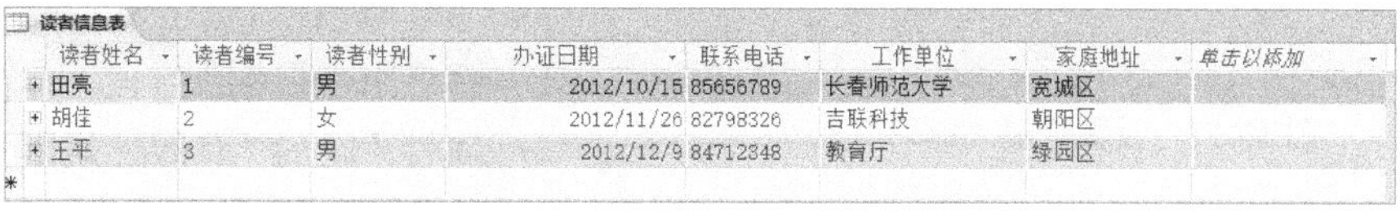

读者信息表

读者姓名	读者编号	读者性别	办证日期	联系电话	工作单位	家庭地址	单击以添加
田亮	1	男	2012/10/15	85656789	长春师范大学	宽城区	
胡佳	2	女	2012/11/26	82798326	吉联科技	朝阳区	
王平	3	男	2012/12/9	84712348	教育厅	绿园区	

图 10-13　“读者信息表”的输入记录

图 10-14　"借阅信息表"的输入记录

图 10-15　"图书类别表"的输入记录

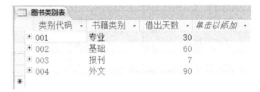

图 10-16　"基本信息表"的输入记录

3．打开"图书馆查询管理系统-样例.accdb"中的"员工表"，修改其字段属性。

（1）将"员工编号"字段的"输入掩码"属性设置为 1 位字母和 2 位数字。

（2）将"出生日期"字段的显示格式设置为××月××日××××，如 9 月 6 日 1970。

（3）将"部门"字段的"标题"属性设置为"所在部门"。

（4）将"性别"字段的"有效性规则"属性设置为"性别只能是男或女"。

【提示】

① 在"数据库"窗口的对象列表中右键单击"员工表"，选择"设计视图"选项，打开设计视图。

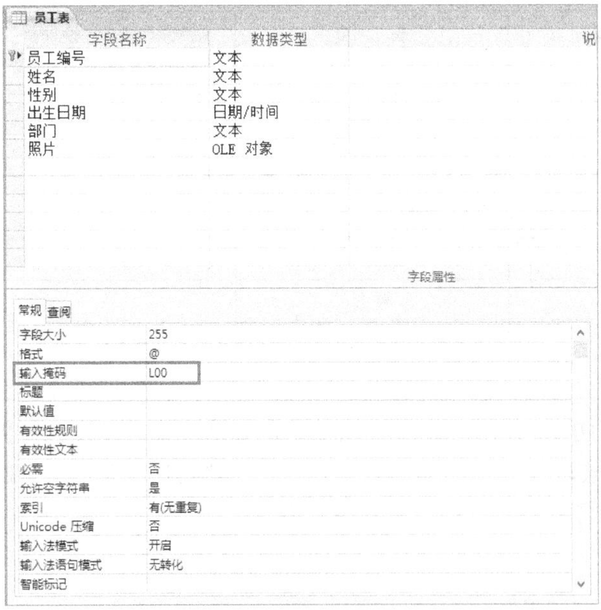

② 在"员工表"设计视图中选择"员工编号"字段，并在其"字段属性"区的"输入掩码"属性框中输入"L00"，如图 10-17 所示。

③ 在"员工表"设计视图中选择"出生日期"字段，并在其"字段属性"区的"格式"属性框中输入"mm\月 dd\日 yyyy"，如图 10-18 所示。

④ 在"员工表"设计视图中选择"部门"字段，并在其"字段属性"区的"标题"属性框中输入"所在部门"，在"默认值"属性框中输入""中文期刊""，如图 10-19 所示。

⑤ 在"员工表"设计视图中选择"出生日期"字段，并在其"字段属性"区的"有效性规则"属性框中输入"mm\月 dd\日 yyyy"。

图 10-17　设置"输入掩码"属性

图 10-18 设置"格式"属性

图 10-19 设置"标题"和"默认值"属性

（5）有效性规则设置请自行思考完成。单击工具栏中的"保存"按钮完成"字段属性"的设置。修改后的样式可切换到数据表视图查看，如图 10-20 所示。

图 10-20 修改后的"员工表"数据表视图

4. 打开"图书馆查询管理系统-样例.accdb"中的"读者信息表"，将其导出为 Excel 文件。

将"读者信息表"导出为"读者 xls.xlsx"。

（1）在"数据库"窗口的对象列表中右键单击"读者信息表"，如图 10-21 所示，选择"导出"→"Excel"命令。

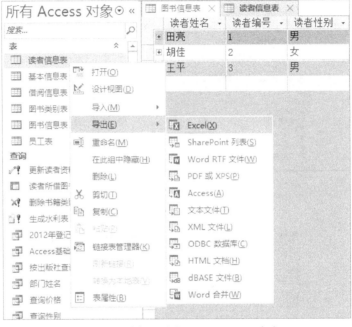

图 10-21　选择"导出"→"Excel"命令

（2）在弹出的"导出-Excel 电子表格"对话框中，单击"浏览"按钮，按照如图 10-22 所示设置存储路径和文件名后，单击"确定"按钮。

图 10-22　"导出-Excel 电子表格"对话框（一）

（3）在"导出-Excel 电子表格"→"保存导出步骤"中单击"关闭"按钮，如图 10-23 所示。

图 10-23　"导出-Excel 电子表格"对话框（二）

（4）打开导出的 Excel 文件，查看数据，如图 10-24 所示。

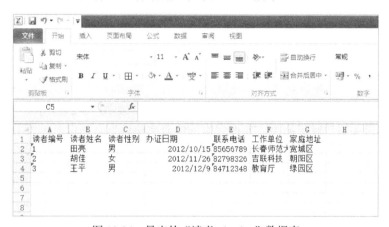

图 10-24　导出的"读者 xls.xlsx"数据表

5. 为"图书馆查询管理系统"数据库中已创建完成的"图书信息表"、"读者信息表"、"图书类别表"和"借阅信息表"建立表间的关联关系。

（1）建立"图书类别表"与"图书信息表"之间的一对多关系。

（2）建立"图书信息表"与"借阅信息表"之间的一对多关系。

（3）建立"读者信息表"与"借阅信息表"之间的一对多关系。

【提示】

（1）打开"图书馆查询管理系统"数据库。

（2）选择"数据库工具"选项卡中的"关系"选项，在如图 10-25 所示的"显示表"对话框中选择 4 张表，单击"添加"按钮，弹出如图 10-26 所示的"关系"窗口，单击"关闭"按钮。

图 10-25　"显示表"对话框

图 10-26　"关系"窗口

（3）在"关系"窗口中，将"图书类别表"中的"类别代码"字段拖至"图书信息表"的"类别代码"字段上松开鼠标，弹出"编辑关系"对话框，如图 10-27 所示。

（4）在"编辑关系"对话框中，勾选"实施参照完整性"复选框，再单击"创建"按钮，两个表就有了一条连线，由此"图书类别表"和"图书信息表"之间就建立了一对多的关联关系，如图 10-28 所示。

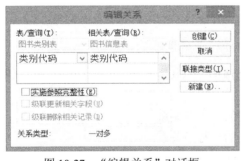

图 10-27　"编辑关系"对话框

图 10-28　"图书类别表"和"图书信息表"之间的一对多关系

（5）用同样的方法创建"图书信息表"和"借阅信息表"、"读者信息表"和"借阅信息表"之间的一对多关系。设计好的"图书馆查询管理系统"数据库中的表间关联关系如图 10-29 所示。

（6）关闭"关系"窗口，保存对关系布局的更改。

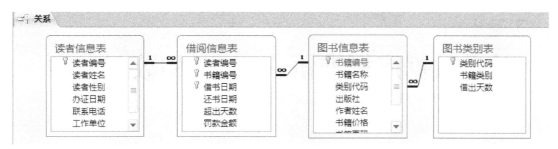

图 10-29　设计好的"关系"窗口

三、自测操作题

（1）在实验素材文件夹中和"sampl.mdb"数据库文件中建立"tTeacher"表，其结构如图 1 所示。

字段名称	数据类型	字段大小	格式
编号	文本	5	
姓名	文本	4	
性别	文本	1	
年龄	数字	整型	
工作时间	日期/时间		短日期
学历	文本	5	
职称	文本	5	
邮箱密码	文本	6	
联系电话	文本	8	
在职否	是/否		是/否

图 1　"tTeacher"表的结构

（2）根据"tTeacher"表的结构，判断并设置主键。

（3）设置"工作时间"字段的有效性规则为只能输入 2004 年 7 月 1 日以前的日期。

（4）将"在职否"字段的默认值设置为真值。

（5）设置"邮箱密码"字段的输入掩码，将输入的密码显示为 6 位星号（密码）。

（6）在"tTeacher"表中输入如图 2 所示的记录信息。

编号	姓名	性别	年龄	工作时间	学历	职称	邮箱密码	联系电话	在职否
77012	郝梅为	男	67	1962-12-8	大本	教授	621208	65976670	
92016	李丽	女	32	1992-9-3	研究生	讲师	920903	65976444	✓

图 2　记录信息

关系数据库标准语言 SQL 和数据查询

一、实验目的

1．掌握 Access 2016 利用视图创建查询的方法；
2．掌握 SQL 语句。

二、实验内容

1．使用查询向导创建一个名为"读者借阅图书"的查询，要求该查询能够观察读者编号、姓名、书籍名称及借阅的情况。

分析题目要求及"图书馆查询管理系统"数据库发现，查询中观察到的读者编号、姓名、书籍名称、借书日期和还书日期等信息分别来自"读者信息表"、"借阅信息表"和"图书信息表"。因此，应该建立基于这 3 个表的查询。

【提示】

（1）打开"图书馆查询管理系统"数据库，单击"创建"→"查询"→"查询向导"按钮，弹出"新建查询"对话框，如图 11-1 所示。

（2）选择"简单查询向导"选项，然后单击"确定"按钮，弹出"简单查询向导"的第一个对话框，如图 11-2 所示。

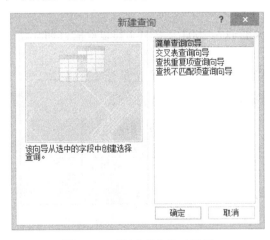

图 11-1　"新建查询"对话框

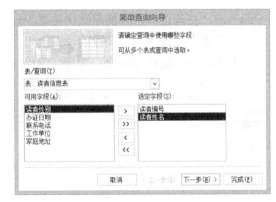

图 11-2　"简单查询向导"的第一个对话框

（3）选择查询的数据源。在"简单查询向导"的第一个对话框中，单击"表/查询"下拉按钮,在弹出的下拉列表中选择"表:读者信息表"选项。这时,"可用字段"列表框中显示"读者信息表"中包含的可用字段。双击"读者编号"和"读者姓名"字段,将其添加到"选定字段"列表框中。

使用相同的方法,将"图书信息表"中的"书籍名称",以及"借阅信息表"中的"借书日期"和"还书日期"添加到"选定字段"列表框中,如图11-3所示。

(4)单击"下一步"按钮,弹出"简单查询向导"的第二个对话框,选中"明细(显示每个记录的每个字段)"单选按钮,如图11-4所示。

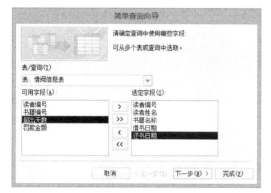

图11-3 字段选定最终结果

图11-4 明细查询和汇总查询

(5)单击"下一步"按钮,弹出"简单查询向导"的第三个对话框。在"请为查询指定标题"文本框中输入"读者借阅图书"。

(6)单击"完成"按钮,查询结果如图11-5所示。

读者姓名	书籍名称	借书日期	还书日期	读者编号
田亮	数字电路	2012/12/14	2013/2/12	1
田亮	文化基础	2013/3/1	2013/3/22	1
田亮	计算机网络	2013/4/12		1
胡佳	数据库原理	2013/4/1		2
胡佳	Access基础教程	2013/1/9	2013/2/1	2
王平	数字电路	2013/5/8		3

图11-5 读者借阅图书的查询结果

2. 创建一个名为"查询价格"的单表选择查询。

将"图书信息表"作为数据来源,查找书籍价格在30元以下的图书记录,查询结果如图11-6所示。

书籍编号	书籍名称	类别代码	出版社	作者姓名	书籍价格
2	数据库原理	001	高等教育出版社	萨师煊	27
3	Access基础教程	002	水利水电出版社	于繁华	22
4	文化基础	002	高等教育出版社	杨振山	22
6	计算机世界	003	计算机世界杂志社	计算机世界	8
7	电脑爱好者	003	电脑爱好者杂志社	电脑爱好者	10
					0

图11-6 查询结果(一)

【提示】

（1）单击"创建"选项卡中"查询"选项组的"查询设计"按钮，打开"查询设计"窗口和"显示表"对话框，如图 11-7 所示。

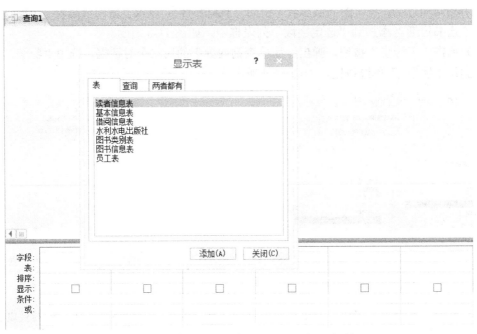

图 11-7　"查询设计"窗口和"显示表"对话框

（2）在"显示表"对话框中，选择"图书信息表"并单击"添加"按钮，将其添加到"查询设计"窗口中，然后关闭"显示表"对话框，如图 11-8 所示。

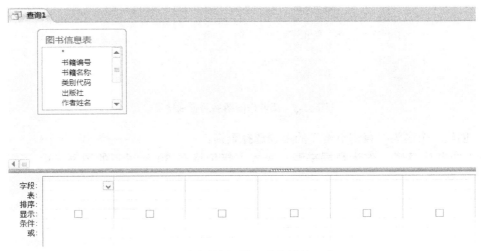

图 11-8　确定数据源的"查询设计"窗口

（3）在"设计网格"区的"字段"行中分别选定各列所要显示的字段内容，并在"书籍价格"列的"条件"行输入"<30"，如图 11-9 所示。

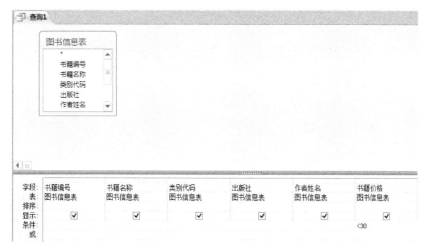

图 11-9 设计完成的"查询设计"窗口

（4）单击工具栏中的"保存"按钮，在弹出的"另存为"对话框的"查询名称"文本框中输入"查询价格"，如图 11-10 所示。单击"确定"按钮，完成查询的建立过程。

（5）单击工具栏中的"运行"按钮可以看到如图 11-6 所示的结果。

（6）选择"SQL SQL 视图"命令，如图 11-11 所示，查看上述查询的 SQL 语句。

图 11-10 "另存为"对话框

图 11-11 选择"SQL SQL 视图"命令

3．利用 SQL 语句创建一个名为"查询性别"的查询。

以"读者信息表"为数据源，查询男性读者的信息，结果按"读者编号"升序排序。

【提示】

（1）单击"创建"选项卡中"查询"选项组的"查询设计"按钮，关闭"显示表"对话框，切换到"SQL 视图"，如图 11-12 所示。

在代码编写区域输入如下内容：

0053ELECT 读者信息表.读者编号，读者信息表.读者姓名，读者信息表.读者性别，读者信息表.办证日期

FROM 读者信息表

WHERE（（（读者信息表.读者性别）="男"））

ORDERBY 读者信息表.读者编号；

图 11-12　在"SQL 视图"下设计查询

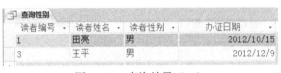

图 11-13　查询结果（二）

（2）单击工具栏中的"保存"按钮，在弹出的"另存为"对话框中将查询命名为"查询性别"，完成查询的建立过程。

（3）单击工具栏中的"运行"按钮可以看到如图 11-13 所示的结果。

4．创建一个名为"查询专业"的多表选择查询。

将"图书信息表"、"图书类别表"、"借阅信息表"和"读者信息表"作为数据来源，查找专业类别图书的借阅情况，查询结果如图 11-14 所示。

读者编号	读者姓名	书籍名称	书籍页码	书籍价格	借书日期
1	田亮	数字电路	531	35	2012/12/14
3	王平	数字电路	531	35	2013/5/8
2	胡佳	数据库原理	472	27	2013/4/1
1	田亮	计算机网络	457	35	2013/4/12

图 11-14　查询结果（三）

【提示】

（1）单击"创建"选项卡中"查询"选项组的"查询设计"按钮，打开"查询设计"窗口和"显示表"对话框，如图 11-7 所示。

（2）在"显示表"对话框中，依次选择查询所需要的数据来源表，即"读者信息表"、"借阅信息表"、"图书信息表"和"图书类别表"，并单击"添加"按钮，将它们分别添加到"查询设计"窗口中，然后关闭"显示表"对话框，如图 11-15 所示。

（3）在"设计网格"区的"字段"行中分别选择各列所要显示的字段内容，并在"书籍类别"列的"条件"行输入""专业""，然后取消勾选的"显示"复选框，如图 11-16 所示。

（4）单击工具栏中的"保存"按钮，在弹出的"另存为"对话框中将查询命名为"查询类别"，然后单击"确定"按钮，完成查询的建立过程。

（5）单击工具栏中的"运行"按钮可以看到如图 11-14 所示的结果。

（6）切换到"SQL 视图"，查看上述查询的 SQL 语句：

SELECT 读者信息表.读者编号, 读者信息表.读者姓名, 图书信息表.书籍名称, 图书信息表.书籍页码, 图书信息表.书籍价格, 借阅信息表.借书日期

FROM（图书类别表 INNERJOIN 图书信息表 ON 图书类别表.类别代码=图书信息表.类别代码）INNERJOIN（读者信息表 INNERJOIN 借阅信息表 ON 读者信息表.读者编号=借阅信息表.读者编号）ON 图书信息表.书籍编号=借阅信息表.书籍编号

　　WHERE（（（图书类别表.书籍类别）=“专业”））；

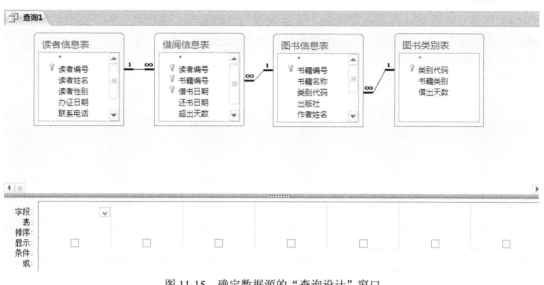

图 11-15　确定数据源的“查询设计”窗口

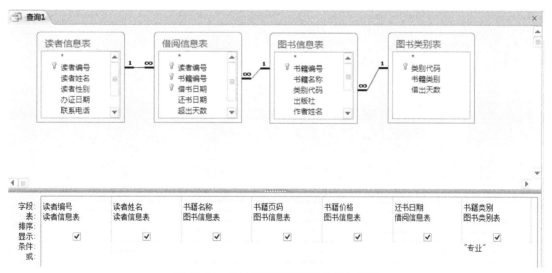

图 11-16　设计完成的“查询设计”窗口

三、自测操作题

在实验素材文件夹中有一个数据库文件"samp2.mdb"，里面已经设计好表对象"tCourse"、"tSinfo"、"tGrade"和"tStudent"，试按如下要求完成设计。

（1）创建一个查询，查找并显示"姓名"、"政治面貌"、"课程名"和"成绩"这 4 个字段的内容，所建查询名为"qT1"。

（2）创建一个查询，计算每名学生所选课程的学分总和，并显示"姓名"和"学分"，其中"学分"字段显示计算出的学分总和，所建查询名为"qT2"。

（3）创建一个查询，查找年龄小于平均年龄的学生，并显示其"姓名"，所建查询名为"qT3"。

（4）创建一个查询，将所有学生的"班级编号"、"姓名"、"课程名"和"成绩"等值填入"tSinfo"表相应的字段中，其中"班级编号"值是"tStudent"表中"学号"字段的前 6 位，所建查询名为"qT4"。

实验十二

Access 窗体的设计和制作

一、实验目的

1. 掌握在 Access 2016 中创建窗体的方法；
2. 熟悉窗体的"设计视图"和"布局视图"；
3. 掌握控件的添加和设置方法。

二、实验内容

（一）自动创建窗体

以"图书信息表"为数据源，使用"窗体"工具创建"图书窗体"。

【操作步骤】

（1）在导航窗格的"表"对象下，打开（或选择）"图书信息表"。

（2）单击"创建"选项卡中"窗体"选项组的"窗体"按钮，系统自动生成如图 12-1 所示的图书窗体。

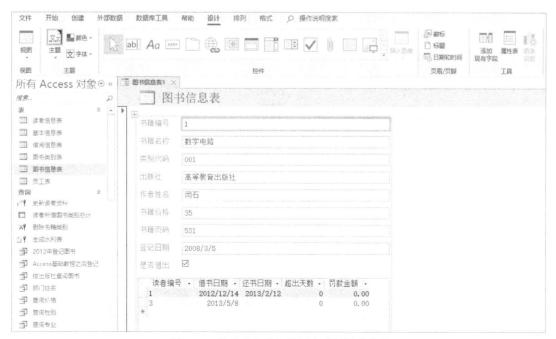

图 12-1　单击"窗体"按钮生成的图书窗体

（3）保存该窗体，并命名为"图书窗体"。

【思考】为什么图 12-2 会出现在窗体中？如果要在窗体中消除借书记录信息应该怎么做？请读者完成这个窗体的创建过程。

图 12-2　读者借书记录信息

（二）使用向导创建窗体

使用向导创建窗体，显示所有读者的"读者编号"、"读者姓名"、"书籍名称"、"出版社"、"借书日期"、"还书日期"、"超出天数"和"罚款金额"，将窗体命名为"读者借阅书籍"。

【操作步骤】

（1）单击"创建"选项卡中"窗体"选项组的"窗体向导"按钮，启动窗体向导。

（2）在打开的窗口中的"表/查询"下拉列表中选择"读者信息表"选项，将"读者编号"和"读者姓名"字段添加到"选定字段"列表框中；选择"图书信息表"，将"书籍名称"和"出版社"字段添加到"选定字段"列表框中；选择"借阅信息表"，将"借书日期"、"还书日期"、"超出天数"和"罚款金额"字段添加到"选定字段"列表框中。最终结果如图 12-3 所示。

图 12-3　选定字段

（3）单击"下一步"按钮，在该对话框中确定查看数据的方式，这里选择通过学生查看数据的方式，选中"带有子窗体的窗体"单选按钮，设置结果如图 12-4 所示。

（4）单击"下一步"按钮，指定子窗体的布局为"表格"形式。

（5）单击"下一步"按钮，指定窗体名称及子窗体名称，如图 12-5 所示。

（6）单击"完成"按钮，保存该窗体，生成的窗体如图 12-6 所示。

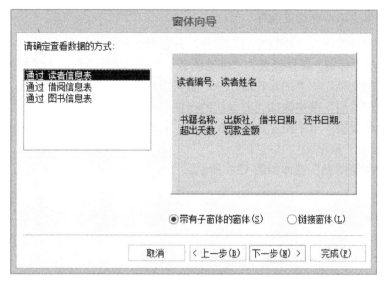

实验十二 Access窗体的设计和制作 | 95

图 12-4 选择数据查看的方式和子窗体形式

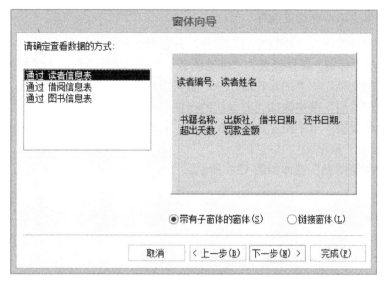

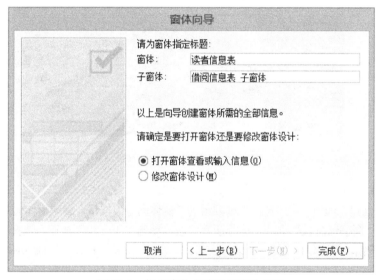

图 12-5 指定窗体名称及子窗体名称

图 12-6 "读者借阅书籍"窗体

（三）在窗体中添加和设置控件

利用"窗体向导"创建"浏览图书"窗体，并在设计视图中进行修改。

（1）将窗体的"标题"属性设置为"浏览图书"，"记录选择器"属性设置为"否"，"图片"属性设置为"我的文档"→"图片收藏"→"示例图片"→"Blue hills.jpg"。

（2）在"窗体页眉"节中添加当前系统的日期和时间。

（3）在"窗体页脚"节中距左边距 3.0 厘米、上边距 0.2 厘米处添加一个命令按钮，标题为"确定"，名称为"bOk"。

设计好的"浏览图书"窗体如图 12-7 所示。

图 12-7　"浏览图书"窗体

【操作步骤】

（1）单击"创建"选项卡中"窗体"选项组的"窗体向导"按钮，启动窗体向导，在"表/查询"下拉列表中选择"图书信息表"选项，选择所有字段，单击"下一步"按钮，选择"纵栏表"选项，单击"下一步"按钮，将窗体标题改为"浏览图书"，单击"完成"按钮，生成如图 12-8 所示的"浏览图书"窗体。

图 12-8　自动创建的纵栏式"浏览图书"窗体

（2）切换到窗体的设计视图，打开窗体属性窗口，在"格式"选项卡中将"记录选择器"设置为"否"，如图 12-9 所示。

图 12-9　窗体属性窗口

（3）在窗体属性窗口的"格式"选项卡中选中"图片"属性框，单击其后的按钮，打开如图 12-10 所示的"插入图片"对话框，确定查找位置，选择"我的文档"→"图片收藏"→"示例图片"→"Blue hills.jpg"，单击"确定"按钮。在窗体属性窗口的"格式"选项卡中，将"图片缩放模式"改为"拉伸"，插入图片后的窗体设计视图如图 12-11 所示。

图 12-10　"插入图片"对话框

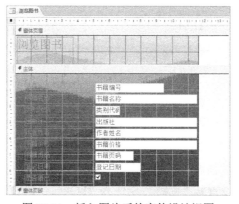

图 12-11　插入图片后的窗体设计视图

（4）删除"窗体页眉"节中的控件，将"窗体页眉"和"窗体页脚"调节到适当的宽度，如图 12-12 所示。

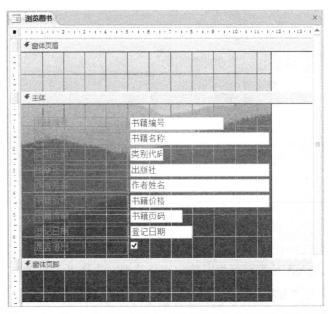

图 12-12　显示"窗体页眉"和"窗体页脚"节的窗体设计视图

（5）选中"窗体页眉"节，选择"设计"选项卡中"页眉页脚"选项组的"日期和时间"选项，打开如图 12-13 所示的"日期和时间"对话框，单击"确定"按钮（或添加文本框计算控件，设置其控件来源为"Now()"）。添加日期和时间后的窗体设计视图如图 12-14 所示。

图 12-13　"日期和时间"对话框

（6）在未选中控件向导的情况下，在"窗体页脚"节中添加一个命令按钮，并打开其属性窗口，在"格式"选项卡中设置其"名称"属性为"bOk"、"标题"属性为"确定"、"左边距"

属性为"4.5cm"及"上边距"属性为"0.2cm"（误差0.001mm），如图12-15所示。

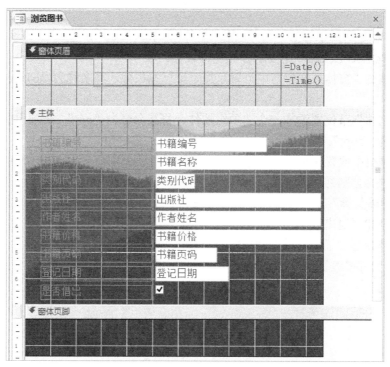

图12-14　添加日期和时间后的窗体设计视图

图12-15　命令按钮的属性视图

（7）单击"保存"按钮，完成窗体的设计过程。

（8）在窗体视图中打开"浏览图书"窗体，可以看到如图12-7所示的运行效果。

三、自测操作题

在实验素材文件夹中存在一个数据库文件"samp3.mdb"，里面已经设计好窗体对象"fStaff"，请在此基础上按照如下要求补充窗体设计。

（1）在窗体的"窗体页眉"节中位置添加一个标签控件，其名称为"bTitle"，标题显示为"员工信息输出"。

（2）在"主体"节位置添加一个选项组控件，将其命名为"opt"，选项组标签显示内容为"性别"，名称为"bopt"。

（3）在选项组中放置2个单选按钮控件，将选项按钮分别命名为"opt1"和"opt2"，选项按钮标签显示内容分别为"男"和"女"，名称分别为"bopt1"和"bopt2"。

（4）在"窗体页脚"节位置添加2个命令按钮，分别命名为"bOk"和"bQuit"，按钮标题分别为"确定"和"退出"。

（5）将窗体标题设置为"员工信息输出"。

【注意】不允许修改窗体对象"fStaff"中已经设置好的属性。

特效制作：剪贴画风格招贴文字

一、实验目的

1. 掌握 Photoshop 中图层的应用；
2. 掌握 Photoshop 中选区的作用；
3. 熟练掌握 Photoshop 中工具箱内常用工具的使用；
4. 了解 Photoshop 中图层样式的具体形式。

二、实验内容

1. 创建空白文件，单击工具箱中的"横排文字工具"按钮，选择合适的字体及字号，在画面中输入字母，按组合键 Ctrl+T，将文字适当旋转，如图 13-1 所示。

2. 采用同样的方法输入其他字母，并一一进行旋转，如图 13-2 所示。

图 13-1　旋转文字

$$APRIL$$

图 13-2　调整文字的角度

3. 为文字添加图层样式，选中字母 A 的图层，选择"图层"→"图层样式"→"投影"命令，在弹出的对话框中设置颜色为黑色，在"角度"文本框中输入"42"，在"距离"文本框中输入"15"，在"扩展"文本框中输入"0"，在"大小"文本框中输入"4"，如图 13-3 所示。

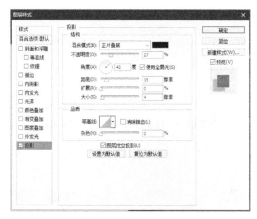

图 13-3　添加"投影"样式（一）

4．勾选"光泽"复选框，在"混合模式"下拉列表中选择"正片叠底"选项，颜色设置为黑色，在"不透明度"文本框中输入"27"，在"角度"文本框中输入"19"，在"距离"文本框中输入"33"，在"大小"文本框中输入"13"，并调整等高线的形状，如图 13-4 所示。

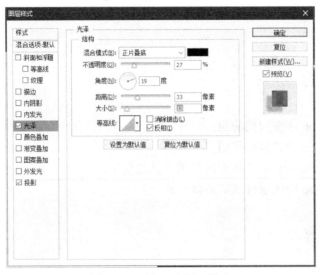

图 13-4　添加"光泽"样式

5．勾选"颜色叠加"复选框，在"混合模式"下拉列表中选择"正常"选项，将颜色设置为红色，在"不透明度"文本框中输入"100"，如图 13-5 所示。

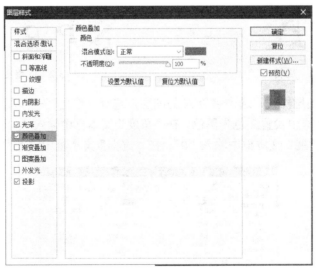

图 13-5　添加"颜色叠加"样式

6．勾选"描边"复选框，在"大小"文本框中输入"3"，在"位置"下拉列表中选择"外部"选项，在"混合模式"下拉列表中选择"正常"选项，在"不透明度"文本框中输入"100"，将"颜色"设置为白色，调整完成后单击"确定"按钮，如图 13-6 所示。最终的效果图如图 13-7 所示。

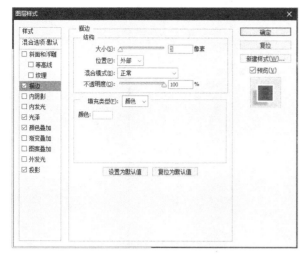

图 13-6　添加"描边"样式 　　　　　　　　　图 13-7　效果展示（一）

7. 其他文字也需要使用该样式，在文字 A 图层样式上单击鼠标右键，在弹出的快捷菜单中选择"拷贝图层样式"命令（见图 13-8），然后在字母 P 上单击鼠标右键，在弹出的快捷菜单中选择"粘贴图层样式"命令，此时可以看到字母 P 也出现了相同的文字样式，如图 13-9 所示。

图 13-8　拷贝图层样式

图 13-9　效果展示（二）

8. 如果要更改字母 P 的颜色，可以双击该字母的图层样式，勾选"颜色叠加"复选框（见图 13-10），将颜色设置为绿色，此时字母颜色会发生变化（见图 13-11）。

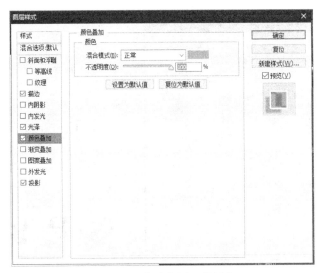

图 13-10　修改字母 P 的颜色

图 13-11　效果展示（三）

9．采用同样的方法制作其他字母，最终的效果如图 13-12 所示。

图 13-12　效果展示（四）

10．下面开始制作字母顶部的图钉效果。新建图层，单击工具箱中的"椭圆选框工具"按钮，绘制一个圆形选区。单击"渐变工具"按钮，在其选项栏中编辑渐变颜色为黄色系渐变，设置渐变类型为放射性渐变，勾选"反向"复选框（见图 13-13），并在圆形选区内拖曳填充出具有立体感的球体效果（见图 13-14）。

图 13-13　勾选"反向"复选框

图 13-14　新建图钉效果

11. 为了使图钉效果更加真实，需要为其添加投影样式，选择"图层"→"图层样式"→"投影"命令，在"混合模式"下拉列表中选择"正片叠底"选项，将颜色设置为黑色，在"角度"文本框中输入"11"，在"距离"文本框中输入"5"，在"大小"文本框中输入"5"，如图 13-15 所示。最终的效果如图 13-16 所示。

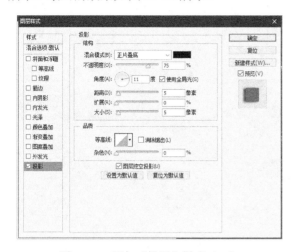 

图 13-15　添加"投影"样式（二）　　　　　图 13-16　效果展示（五）

12. 采用同样的方法制作其他字母的图钉效果，如图 13-17 所示。

图 13-17　效果展示（六）

13. 导入前景与背景素材，最终效果如图 13-18 所示。

图 13-18　最终效果

三、样张

样张如图 13-19 所示。

图 13-19　样张

四、自测操作题

请根据本实验相关内容，自行设计新的文字张贴画海报，并添加相关效果。

特效制作：庆祝国庆 70 周年 Logo 的制作

一、实验目的

1．掌握 Photoshop 中图层的应用；

2．掌握 Photoshop 中选区的作用；

3．熟练掌握 Photoshop 中图层样式的具体形式的使用。

二、实验内容

1．创建空白文件，设置的参数如图 14-1 所示，将前景色修改为#CE2C21 红色，按组合键 Alt+Delete 填充页面，如图 14-2 所示。

图 14-1　创建文件　　　　　　　　　　　　　图 14-2　填充页面

2．在图层上添加文字"70"，设置字体大小为 600 点，调整字符间距，设置的参数如图 14-3 所示，效果如图 14-4 所示。

图 14-3　调整文字参数　　　　　　　　　　　图 14-4　效果展示（一）

3. 选定文字图层，然后选择"图层"→"图层样式"→"描边"命令，如图 14-5 所示，增加白色描边，效果如图 14-6 所示。

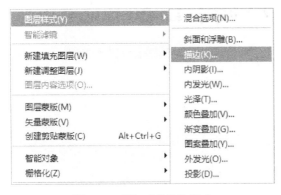 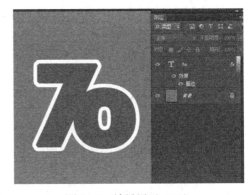

图 14-5　添加"描边"样式　　　　　　图 14-6　效果展示（二）

4. 选定文字图层，增加浮雕文字图层样式，设置的参数如图 14-7 和图 14-8 所示，效果如图 14-9 所示。

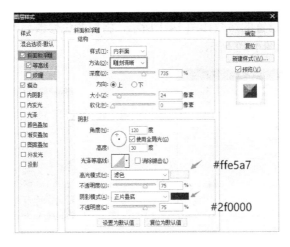

图 14-7　添加"浮雕"样式

图 14-8　设置"浮雕"参数　　　　　　图 14-9　效果展示（三）

5. 复制新图层并智能化对象，现在增加画面的高光，选定右上角为光源，设置前景色为白色，选定画笔工具，如图 14-10 所示，在如图 14-11 所示的位置增加高光，效果如图 14-12 所示。

图 14-10　选中画笔工具（一）　　　图 14-11　增加高光　　　图 14-12　效果展示（四）

　　6．为画面增加暗部，设计前景色为黑色，调整画笔的不透明度和大小，如图 14-13 所示，在如图 14-14 所示的位置增加暗部，效果如图 14-15 所示。

图 14-13　选中画笔（二）　　　　图 14-14　增加暗部　　　　图 14-15　效果展示（五）

　　7．在文字图层之下增加一个同样大小的黑色文字图层作为阴影，设置不透明度，效果如图 14-16 所示。

　　8．置入长城和和平鸽素材，然后调整素材的位置和大小，为和平鸽增加浮雕效果，如图 14-17 所示，按组合键 Ctrl+J 复制和平鸽素材，并调整大小，效果如图 14-18 所示。

　　9．最后增加文字，效果如图 14-19 所示。

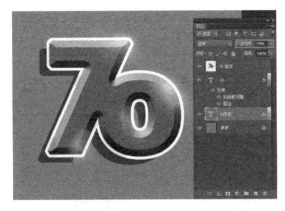

图 14-16　增加阴影

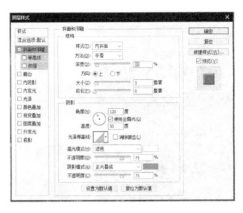

图 14-17　设置参数

图 14-18　增加其他素材

图 14-19　效果展示（六）

三、样张

样张如图 14-20 所示。

图 14-20　样张

四、自测操作题

请根据本实验的相关内容，自行设计有关"爱国"主题的 Logo，并添加效果。

图像合成：设计双重曝光人像海报

一、实验目的

1. 掌握 Photoshop 中选区的应用；
2. 掌握 Photoshop 蒙版的作用；
3. 熟练掌握 Photoshop 中工具箱内常用工具的使用；
4. 了解 Photoshop 的复杂功能。

二、实验内容

1. 打开如图 15-1 所示人物原图。
2. 按组合键 Ctrl+J 复制人物图层，如图 15-2 所示。

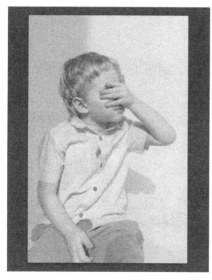

图 15-1　人物原图

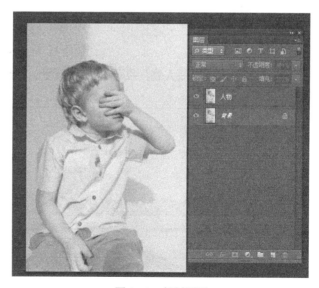

图 15-2　复制图层

3. 选定人物图层，利用工具栏中的快速选择工具进行多次选择，确定人物背景选区，按 Delete 键删除人物背景，达到人物抠图效果，如图 15-3 所示。
4. 使用裁剪工具（C）将人物裁剪到仅保留上半身，如图 15-4 所示。
5. 新建文档，设置的参数如图 15-5 所示。

图 15-3　人物抠图

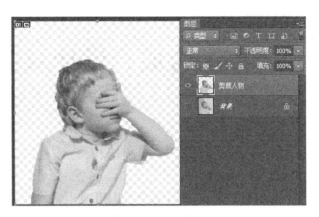

图 15-4　人物剪裁

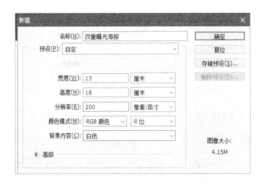

图 15-5　新建文档

6. 右键单击"剪裁人物"图层，将图层复制到新文档中，如图 15-6 所示，效果如图 15-7 所示。

图 15-6　将图层复制到新文档中

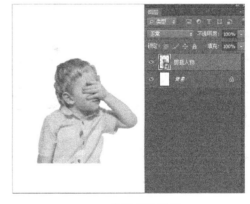

15-7　人物部分效果

7. 打开下面的林间小路图片，按组合键 Ctrl+J 复制图层，如图 15-8 所示
8. 新建"色阶"调整图层 ，将白色滑块往左拉，如图 15-9 所示，调整后的效果如图 15-10 所示。
9. 使用魔棒工具 ，选择下方的小路部分，如图 15-11 所示。

图 15-8　复制阳光图层

图 15-9　调整色阶

图 15-10　调整后的效果

图 15-11　选择小路部分

10. 将选区复制到新的图层，并选中色阶和阳光图层，然后进行合并，如图 15-12 所示。

11. 将图片处理完毕后，只保留阳光图层，将处理过的阳光图层复制到海报文件中，如图 15-13 所示。

图 15-12　合并色阶和阳光图层

图 15-13　复制图层

12．按组合键 Ctrl+T 进行调整，将阳光图层移到合适的位置，并且垂直翻转，这样可以调整不透明度以便观察，图片位置覆盖人物衣服即可，如图 15-14 所示。

13．按住 Ctrl 键单击人物复制图层，得到人物的选区，如图 15-15 所示。

图 15-14　调整图层大小和位置　　　　　图 15-15　人物选区图层

14．单击阳光图层新建蒙版，如图 15-16 所示。

15．使用白色、黑色画笔将人物下方的阳光擦出来（中间可以适当调整亮度和对比度），如图 15-17 所示。

图 15-16　新建图层蒙版　　　　　　图 15-17　用画笔调整蒙版区域

16．置入如图 15-18 所示的风景图片素材，然后用移动工具拖至需要处理的图片上。按组合键 Ctrl+T 调整风景图片的大小，并且调整好位置。

17．将风景图层混合模式修改为"变亮"，添加图层蒙版进行修饰，如图 15-19 所示。

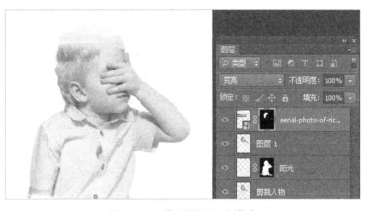

图 15-18　置入风景图片　　　　　　图 15-19　修改图层混合模式

18．按组合键 Ctrl+Shift+Alt+E 合并所有图层，如图 15-20 所示。

19．使用渐变映射调整图层，做出渐变效果。将混合模式由"正常"改为"正片叠底"，如图 15-21 所示，效果如图 15-22 所示。

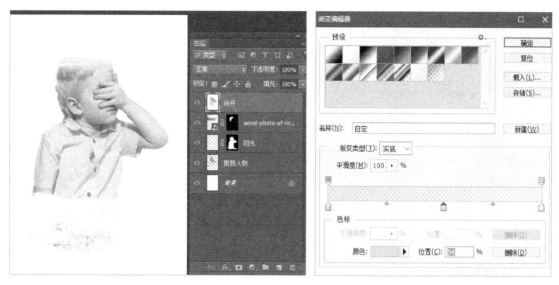

图 15-20　合并所有图层　　　　　　　图 15-21　新建渐变模式

20．新建蒙版，使用黑色画笔将人物面部擦出来，不让渐变映射影响面部，然后将渐变映射与图层合并，效果如图 15-23 所示。

图 15-22　"正片叠底"的渐变映射　　　　　　　图 15-23　效果展示

21．新建图层，用"矩形选框工具"描边，为海报添加边框效果，如图 15-24 所示，然后用画笔选取黄色，将画面中不和谐的元素涂抹掉，并添加文字等进行修饰，最终完成的效果图如图 15-25 所示。

图 15-24　添加边框效果　　　　　图 15-25　最终完成的效果图

三、样张

样张如图 15-26 所示。

图 15-26　样张

四、自测操作题

请根据本实验的相关内容，自行选取新的图片设计海报，并且使用双重曝光的方法。

图像编辑：人像精修

一、实验目的

1．掌握 Photoshop 中修复工具的使用；
2．掌握 Photoshop 蒙版的作用；
3．熟练掌握 Photoshop 中图像的调整图层功能；
4．了解 Photoshop 的复杂功能。

二、实验内容

1．人像精修的目的就是做到明暗统一、色相统一和饱和度统一。首先使人像明暗统一。打开如图 16-1 所示的原图，按组合键 Ctrl+J 复制图层。

2．使用"污点修复"工具，直接涂抹处理图片中的点状式痕迹，使用"修复画笔"工具，按住 Alt 键在干净皮肤上单击取样，然后涂抹脏点，处理诸如碎发这样的大线状瑕疵，初步修复之后的效果图如图 16-2 所示。

3．修复脸上的瑕疵之后，还需要对皮肤进行调整。首先建立一个黑白调整图层和一个压暗曲线图层，把这两个图层编组命名为观察层，放在所有图层的顶端，方便我们观察图片的明暗光影，如图 16-3 所示。

图 16-1　原图

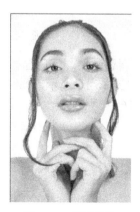

图 16-2　瑕疵修饰

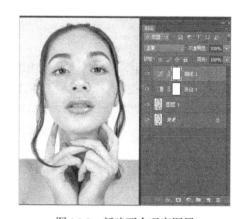

图 16-3　新建两个观察图层

4．再新建两个曲线调整图层，一个用于提亮，一个用于压暗，如图 16-4 和图 16-5 所示，并将这两个曲线图层的蒙版填充成黑色（单击鼠标右键，选择"蒙版选项"→"反相"命令），如图 16-6 所示。

 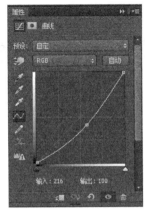 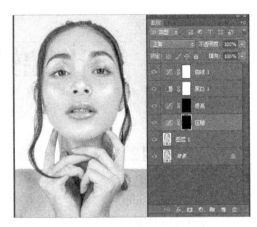

图 16-4　提亮　　　　　　图 16-5　压暗　　　　　　图 16-6　效果展示（一）

5．用白色画笔在提亮曲线图层蒙版上操作，提亮皮肤上比较暗的地方；用白色画笔在压暗曲线图层蒙版上操作，压暗皮肤上太亮的地方。画笔的强度为不透明度 15%，流量 10%，结合人体五官结构及光线，把皮肤修复干净，效果如图 16-7 所示。

6．按组合键 Ctrl+Shift+Alt+E 新建盖印图层（把所有图层拼合后的效果变成一个图层，但是保留了之前的所有图层，并没有真正地拼合图层，方便以后继续编辑个别图层），如图 16-8 所示。

 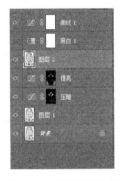

图 16-7　皮肤修复　　　　　　　　　图 16-8　新建盖印图层

7．色相统一操作。建立一个色相饱和度调整图层，然后选择红色通道，如图 16-9 所示，调整色相滑块，将色相项参数调整为 180，如图 16-10 所示，同时观察皮肤变化，使皮肤变色的范围和之前皮肤红色范围刚好一致，如图 16-11 所示。

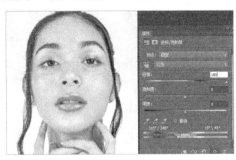

图 16-9　新建色相调整图层

图 16-10　调整色相滑块

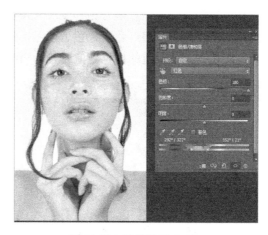

图 16-11　效果展示（二）

8．这时已经正确选中了红色皮肤范围，接下来只需要调整色相值就可以将红色区域的皮肤调整为黄色，如图 16-12 所示。

9．再次新建盖印图层，此时手臂和脸部还有部分色相未统一，重复步骤 7 和步骤 8 调整色相，如图 16-13 所示，使画面色相整体统一，效果如图 16-14 所示。

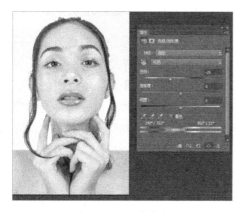

图 16-12　调整色相

图 16-13　调整色相

图 16-14　色相统一效果

10．色相统一之后，进行饱和度统一操作。新建盖印图层，然后新建可选颜色调整图层，选择"绝对"模式，将红色、绿色、蓝色、青色、洋红色、黄色通道的黑色数值调整为-100，白色、灰色、黑色通道的黑色数值调整为+100。红色通道和黑色通道设置的参数如图 16-15 与图 16-16 所示。

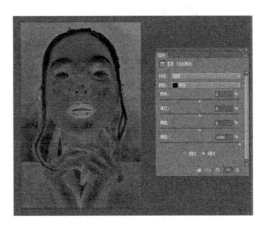

图 16-15　红色通道设置的参数　　　　　　　图 16-16　黑色通道设置的参数

11．再建立一个色阶调整图层，把白色滑块拖至直方图刚好有信息介入的地方。然后把可选颜色图层和色阶图层编到一个组，命名为饱和度观察层，如图 16-17 所示。

12．此时皮肤上亮的地方代表饱和度过高，暗的地方代表饱和度不足，所以我们可以建立两个色相饱和度调整图层，如图 16-18 所示，一个加饱和度一个减饱和度，分别将饱和度调整为+100 和-100，然后将蒙版填充黑色，用白色画笔在加饱和度图层涂抹黑色的地方，在减饱和度图层涂抹白色的地方，直到皮肤统一为灰色，调整效果如图 16-19 所示。

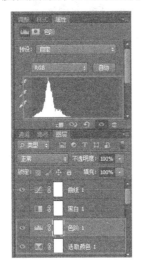

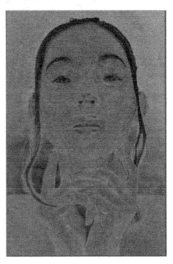

图 16-17　饱和度观察层　　　　图 16-18　新建两个饱和度调整图层　　　　图 16-19　调整效果

三、样张

样张如图 16-20 所示。

图 16-20　样张

四、自测操作题

请根据本实验的相关内容，自行选取新的人像图片进行精修操作。

实验十七

Office 综合实验一

一、实验目的

1. 掌握 Word 的综合应用；
2. 掌握 Excel 的综合应用；
3. 掌握 PowerPoint 的综合应用。

二、实验内容

本实验包括 Word 综合实验、Excel 综合实验和 PowerPoint 综合实验 3 个部分。

（一）Word 综合实验

打开素材文件夹中的"Z1-Word 素材.docx"，将其另存为"Z1-学号-姓名.docx"（".docx"为扩展名），后续操作均基于此文件。

1. 将文档的纸张大小修改为"A4"，纸张方向为"纵向"，上、下页边距为 2.5 厘米，页眉和页脚距离边界皆为 1.6 厘米，每页 38 行，每行 38 个字符。

2. 为文档插入"细条纹"封面，将文档开头的标题文本"西方绘画对运动的描述和它的科学基础"移至封面页标题占位符中，将字体修改为"华文琥珀"，字号设置为 40 号，居中对齐，并删除多余的占位符。

3. 在文档的第 2 页插入"飞越型提要栏"的内置文本框，并将红色文本"一幅画最优美的地方和最大的生命力就在于它能够表现运动，画家们将运动称为绘画的灵魂。——拉玛左（16世纪画家）"移至文本框中。

4. 将文档中 8 个字体颜色为蓝色的段落设置为"标题 1"样式，3 个字体颜色为绿色的段落设置为"标题 2"样式，并按照如表 17-1 所示的要求修改"标题 1"和"标题 2"样式的格式。

表 17-1 "标题 1"和"标题 2"样式的格式要求

标题样式	格式要求
标题 1 样式	字体格式：方正姚体，小三号，加粗，字体颜色为"白色，背景 1"； 段落格式：段前、段后间距为 0.5 行，左对齐，并与下段同页； 底纹：应用于标题所在段落，颜色为"紫色，强调文字颜色 4，深色 25%"
标题 2 样式	字体格式：方正姚体，四号，字体颜色为"紫色，强调文字颜色 4，深色 25%"； 段落格式：段前、段后间距为 0.5 行，左对齐，并与下段同页； 边框：对标题所在段落应用下框线，宽度为 0.5 磅，颜色为"紫色，强调文字颜色 4，深色 25%"，并且距正文的间距为 3 磅

5．新建名称为"图片"的样式，文档正文中的 10 张图片都使用该样式，并修改为居中对齐和与下段同页；修改图片下方的注释文字，将手动的标签和编号设置为可以自动编号和更新的题注，并设置所有题注内容为居中对齐，小四号字，中文字体为黑体，西文字体为 Arial，段前、段后间距均为 0.5 行；将标题和题注以外的所有正文文字的段前、段后间距修改为 0.5 行。

6．将正文中使用黄色突出显示的文本"图 1"～"图 10"替换为可以自动更新的交叉引用，引用类型为图片下方的题注，只引用标签和编号。

7．除了首页，在文档页脚的正中央添加页码，正文页码从 1 开始编号，格式为Ⅰ,Ⅱ,Ⅲ,…。

【提示】

（1）单击"布局"选项卡中"页面设置"选项组右下角的按钮，打开"页面设置"对话框，切换到"文档网格"选项卡，设置的参数如图 17-1 所示。

（2）单击"插入"选项卡中"页面"选项组的"封面"下拉按钮，在弹出的下拉列表中选择"内置"→"条纹型"选项，将文字移至对应的占位符即可，不需要的占位符用 Delete 键删除。

（3）单击"插入"选项卡中"文本"选项组的"文本框"下拉按钮，在弹出的列表中选择"内置"→"飞越型提要栏"选项，将文字移至对应占位符即可。

图 17-1　"页面设置"对话框

（4）选中第一

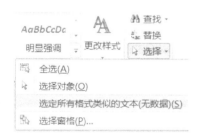

图 17-2　选择相同颜色的所有文字

个字体为蓝色的段落中的所有文字，单击"开始"选项卡中"编辑"选项组的"选择"下拉按钮，在弹出的下拉菜单中选择"选定所有格式类似的文本（无数据）"命令，如图 17-2 所示。再单击"样式"选项组的"标题 1"按钮。将鼠标光标移至"样式"选项组的"标题 1"按钮上，单击鼠标右键，在弹出的快捷菜单中选择"修改"命令，打开"修改样式"对话框，如图 17-3 所示，按照题中表格的要求修改样式。"标题 2"的操作步骤与"标题 1"的操作步骤相同。

（5）选中第 1 张图片，单击"开始"选项卡中"样式"选项组右下角的按钮，在弹出的"样式"窗格中单击左下角的"新建样式"按钮，如图 17-4 所示。弹出"根据格式设置创建新样式"对话框，如图 17-5 所示，在该对话框中设置"居中对齐"和段落格式"与下段同页"。

题注的设置参见实验二 Word 长文档编辑。

打开如图 17-4 所示的"样式"窗格，将鼠标光标移至"正文"，单击后面的下拉按钮，在弹出的下拉菜单中选择"全选"命令，如图 17-6 所示，这样就可以选中所有正文内容，再进行段前和段后设置。

（6）选中黄色文字"图 1"，单击"引用"选项卡中"题注"选项组的"交叉引用"按钮，然后按如图 17-7 所示进行设置。按同样的方法设置黄色文字"图 2"～"图 10"。

（7）单击"插入"选项卡中"页眉和页脚"选项组的"页码"下拉按钮，在弹出的下拉菜单中选择"页面底端"→"普通数字 2"命令即可插入页码。单击"页眉页脚"选项组中的"页码"下拉按钮，在弹出的下拉菜单中选择"设置页码格式"命令，打开"页码格式"对话框，然后按如图 17-8 所示进行设置。

图 17-3　"修改样式"对话框

图 17-4　"样式"窗格

图 17-5　"根据格式设置创建新样式"对话框

图 17-6　选中所有正文

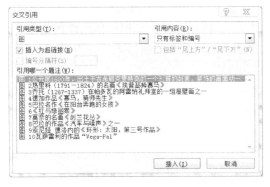

图 17-7　"交叉引用"对话框

图 17-8　"页码格式"对话框

（二）Excel 综合实验

某停车场计划调整收费标准，拟将收费政策"不足 15 分钟按 15 分钟收费"调整为"不足 15 分钟的不收费"。市场部抽取了历史停车收费记录，期望通过分析掌握该政策调整后对营业额的影响。请根据素材文件夹中"Z1-Excel 素材.xlsx"的数据信息，帮助市场分析员完成此项工作。将"Z1-Excel 素材.xlsx"另存为"Z1-学号-姓名.xlsx"，后续操作均基于此文件。

具体要求如下。

1．在"停车收费记录"工作表中，涉及金额的单元格均设置为带货币符号（￥）的会计专用类型格式，并保留 2 位小数。参考"收费标准"工作表，利用公式将收费标准金额填入"停车收费记录"工作表的"收费标准"列。

2．利用"停车收费记录"工作表中"出场日期""出场时间"与"进场日期""进场时间"列的关系，计算"停放时间"列，该列的计算结果的显示方式为"××小时××分钟"。

3．依据停放时间和收费标准，计算当前收费金额并填入"收费金额"列；计算拟采用新收费政策后预计收费金额，并填入"拟收费金额"列；计算拟调整后的收费与当前收费之间的差值，并填入"收费差值"列。

4．将"停车收费记录"工作表数据套用"表样式中等深浅 12"表格格式，并添加"汇总"行，为"收费金额"、"拟收费金额"和"收费差值"列进行汇总求和。

5．在"收费金额"列中，将单次停车收费达到 100 元的单元格突出显示为黄底、红字格式。

6．新建表名为"数据透视分析"的工作表，工作表标签颜色为绿色。在该工作表中创建 3 个数据透视表。位于 A3 单元格的数据透视表的行标签为"车型"，列标签为"进场日期"，求和项为"收费金额"，以分析当前每天的收费情况；位于 A11 单元格的数据透视表的行标签为"车型"，列标签为"进场日期"，求和项为"拟收费金额"，以分析调整收费标准后每天的收费情况；位于 A19 单元格的数据透视表的行标签为"车型"，列标签为"进场日期"，求和项为"收费差值"，以分析调整收费标准后每天的收费变化情况。

【提示】

（1）选中 E、K、L、M 列，单击鼠标右键，在弹出的快捷菜单中选择"设置单元格格式"命令，打开"设置单元格格式"对话框，然后按如图 17-9 所示进行设置。

图 17-9　"设置单元格格式"对话框

在 E2 单元格中输入公式"=VLOOKUP(C2，收费标准!A\$3:B\$5,2,0)"，然后用填充句柄自动填充，以提高效率。

（2）在 J2 单元格中输入公式"=DATEDIF(F2,H2,"YD")*24+(I2-G2)"，然后用填充句柄自动填充，以提高效率。然后选中 J 列，将单元格格式设置为自定义类型"hh"时"mm"分""。

（3）计算。

① 计算收费金额，在 K2 单元格中输入公式"=E2*(TRUNC((HOUR(J2)*60+MINUTE(J2))/15)+1)"。

② 计算拟收费金额，在 L2 单元格中输入公式"=E2*TRUNC((HOUR(J2)*60+MINUTE(J2))/15)"。

③ 计算差值，在 M2 单元格中输入公式"=K2-L2"，并向下自动填充单元格，用填充句柄提高效率。

（4）选中 A1:M550 单元格区域，单击"开始"选项卡中"表格"选项组的"表格"按钮，在弹出的"创建表"对话框中单击"确定"按钮。然后勾选"表格工具-设计"选项卡中"表格样式选项"功能区的"汇总行"复选框。选中 K551 单元格，单击单元格右侧的下拉按钮，在弹出的列表框中选择"求和"选项，L551 单元格采用同样的方法进行处理。

（5）选中 K2:K550 单元格区域，单击"开始"选项卡中"样式"选项组的"条件格式"下拉按钮，在弹出的下拉菜单中选择"突出显示单元格规则"→"其他规则"命令，在"新建格式规则"对话框中按如图 17-10 所示进行设置。

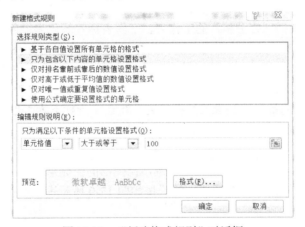

图 17-10 "新建格式规则"对话框

（6）参考实验五 Excel 数据管理和图表化。

（三）PowerPoint 综合实验

魏老师正在准备有关审计业务档案管理的培训课件，她的助手已搜集并整理了一份相关资料存放在 Word 文档"Z1-PPT_素材.docx"中。请按下列要求帮助魏老师完成课件的整合制作。

1. 在素材文件夹中创建一个名为"Z1-学号-姓名.pptx"的演示文稿，后续操作均基于此文件。该演示文稿需要包含 Word 文档"Z1-PPT_素材.docx"中的所有内容，Word 文档中的红色文字、绿色文字、蓝色文字分别对应演示文稿中每张幻灯片的标题文字、第一级文本内容、第二级文本内容。

2. 将第 1 张幻灯片的版式设为"标题幻灯片"，在该幻灯片的右下角插入任意一幅剪贴画，依次为标题、副标题和新插入的图片设置不同的动画效果，其中副标题作为一个对象发送，并且指定动画出现顺序为图片、副标题、标题。

3．将第 3 张幻灯片的版式设为"两栏内容"，在右侧的文本框中插入素材文件夹中 Excel 文档"业务报告签发稿纸.xlsx"的模板表格，并保证该表格的内容随 Excel 文档的改变而自动变化。

4．将第 4 张幻灯片"业务档案管理流程图"的文本转换为"Z1-PPT_素材.docx"中示例图所示的 SmartArt 图形，并适当更改其颜色和样式。为本张幻灯片的标题和 SmartArt 图形添加不同的动画效果，并令 SmartArt 图形伴随"风铃"声按级别顺序飞入。为 SmartArt 图形中"建立业务档案"下的文字"案卷封面、备考表"添加链接到素材文件夹下的 Word 文档"封面备考表模板.docx"超链接。

5．将标题为"七、业务档案的保管"所属的幻灯片拆分为 3 张，其中"（一）～（三）"为 1 张，（四）及下属内容为 1 张，（五）及下属内容为 1 张，标题均为"七、业务档案的保管"。为"（四）业务档案保管的基本方法和要求"所在的幻灯片添加备注"业务档案保管需要做好的八防工作：防火、防水、防潮、防霉、防虫、防光、防尘、防盗"。

6．在每张幻灯片的左上角添加协会的标志图片 Logo1.png，设置其位于底层以免遮挡标题文字。除标题幻灯片外，其他幻灯片均包含幻灯片编号，自动更新日期，日期格式为××××年××月××日。

7．将演示文稿按如表 17-2 所示的要求分为 3 节，分别为每节应用不同的设计主题和幻灯片切换方式。

表 17-2　演示文稿分节的具体要求

节　　名	包含的幻灯片/张
档案管理概述	1～4
归档和整理	5～8
档案保管和销毁	9～13

【提示】

（1）在 Word 中打开"Z1-PPT_素材.docx"，选中第 1 行红色文本，单击"开始"选项卡中"编辑"选项组的"选择"下拉按钮，在弹出的下拉菜单中选择"选定所有格式类似的文本"命令，将选中的所有文本设置为"标题 1"样式。按照同样的方法将绿色文本设置为"标题 2"，蓝色文本设置为"标题 3"，单击"保存"按钮，关闭这个 Word 文档。

新建一个幻灯片文件，选择"文件"→"打开"命令，在"打开"对话框中将文档类型更改为"所有文件（*.*）"，打开"Z1-PPT_素材.docx"，然后另存为"Z1-学号-姓名.pptx"。

（2）选中副标题，单击"动画"选项卡中"动画"选项组的"效果选项"下拉按钮，在弹出的下拉菜单中选择"作为一个对象"命令，这样就可以将副标题作为一个对象发送。单击"动画"选项卡中"高级动画"选项组的"动画窗格"按钮，在右侧的编辑区域通过上下拖曳改变播放顺序。

（3）单击"插入"选项卡中"文本"选项组的"对象"按钮，在"插入对象"对话框中选中"由文件创建"单选按钮，并勾选"链接"复选框。单击"浏览"按钮，选择素材文件"业务报告签发稿纸.xlsx"即可。

（4）选择"插入"→"SmartArt 图形"→"流程"→"分阶段流程"命令，对照素材中的示例图将文字复制到 SmartArt 图形中对应的位置。动画的效果选项设置为"逐个级别"。单击"动画"选项组右下角的按钮，打开"效果"选项卡，按如图 17-11 所示设置声音（本示意图的动画效果为"缩放"）。

（5）选择第 10 张幻灯片，切换到"大纲"视图，将光标定位在文字"（四）业务档案保管的基本方法和要求"之前，并按 Enter 键。然后单击"开始"选项卡中"段落"选项组的"降低列表级别"按钮就可以实现拆分。

（6）在左侧幻灯片列表栏选中任意一张幻灯片，单击"插入"选项卡中"文本"选项组的"幻灯片编号"按钮，在弹出的对话框中按图 17-12 所示进行设置，单击"全部应用"关闭对话框。标志图片在"幻灯片母版"中插入，并置于底层。

图 17-11　"效果"选项卡

图 17-12　"页眉和页脚"对话框

（7）将光标定位到左侧第 1 张幻灯片之前，单击鼠标右键，在弹出的快捷菜单中选择"新增节"命令，右击"无标题节"，选择"重命名"命令，修改为"档案管理概述"。按照相同的方法创建其他节。选中第 1 节中的 4 张幻灯片进行主题和切换方式的设置，然后依次处理其余两节中的幻灯片。

三、样张

参见素材文件夹中的答案文件。

Office 综合实验二

一、实验目的

1．掌握 Word 的综合应用；
2．掌握 Excel 的综合应用；
3．掌握 PowerPoint 的综合应用。

二、实验内容

本实验包括 Word 综合实验、Excel 综合实验、PowerPoint 综合实验 3 个部分。

（一）Word 综合实验

张静准备在暑期期间到一家大公司实习，为了获得难得的实习机会，她打算利用 Word 制作一份简洁而醒目的个人简历，示例样式如"简历参考样式.jpg"所示，要求如下。

新建一个空白 Word 文档，并命名为"Z2-学号-姓名.docx"，保存在素材文件夹中，此后的操作均基于此文档，否则不得分。张静的个人信息保存在"Z2-Word 素材.txt"中。

1．调整文档版面，要求纸张大小为 A4，上、下页边距为 2.5 厘米，左、右页边距为 3.2 厘米。

2．根据页面布局需要，在适当的位置插入标准色为橙色与白色的两个矩形，其中橙色矩形占满 A4 幅面，文字环绕方式设为"浮于文字上方"，作为简历的背景。

3．参照示例文件，插入标准色为橙色的圆角矩形，并添加文字"实习经验"，插入 1 个短画线的虚线圆角矩形框。

4．参照示例文件，插入文本框和文字，并调整文字的字体、字号、位置和颜色。其中，"张静"应为标准色红色的艺术字，"寻求能够……"文本效果应为跟随路径的"上弯弧"。

5．根据页面布局需要，插入素材文件夹中的图片"1.png"，依据样例进行裁剪和调整，并删除图片的剪裁区域；然后根据需要插入图片 2.jpg、3.jpg、4.jpg，并调整图片位置。

6．参照示例文件，在适当的位置使用标准色橙色箭头（其中横向箭头使用线条类型的箭头），插入 SmartArt 图形，并进行适当的编辑。

7．参照示例文件，在"促销活动分析"等 4 处使用项目符号"对钩"，在"曾任班长"等 4 处插入符号"五角星"、颜色为标准色红色。调整各部分的位置、大小、形状和颜色，以展现统一、良好的视觉效果。

【提示】

（1）单击"布局"选项卡中"页面设置"选项卡右下角的按钮，打开"页面设置"对话框进行设置。

（2）单击"插入"选项卡中"插图"选项组的"形状"下拉按钮，在弹出的下拉列表中选择"矩形"选项，并调整矩形大小与页面一致。单击"绘图工具"的"格式"上下文选项卡中"形状样式"选项组的"形状填充"下拉按钮，在弹出的下拉菜单中选择"标准色"→"橙色"命令。选中橙色矩形，单击鼠标右键，在弹出的快捷菜单中选择"自动换行"→"浮于文字上方"命令。按照相同的方法再插入一个白色矩形。

（3）插入一个圆角矩形，选择"形状填充"→"标准色"→"橙色"命令，然后选择"形状轮廓"→"无轮廓"命令。在圆角矩形上单击鼠标右键，在弹出的快捷菜单中选择"添加文字"命令，并输入"实习经验"。再插入一个圆角矩形，选择"形状填充"→"无填充颜色"命令，"形状轮廓"设置为"标准色"→"橙色"及"虚线"→"短划线"①，并调整为合适的大小。选中虚线圆角矩形，单击鼠标右键，选择"置于底层"→"下移一层"命令。

（4）插入艺术字后，单击"绘图工具"选项卡中"艺术字样式"选项组的"文本效果"下拉按钮，在弹出的下拉菜单中选择"转换"→"跟随路径"→"下弯弧"命令。

（5）单击"插入"选项卡中"插图"选项组的"图片"按钮，分别插入4张图片。将图片设置为"浮于文字上方"。为了便于操作，可以将图片先在其他Word文档中调整好以后再复制过来。其中，图片"1.png"插入Word文档之后，可以使用"图片工具"中的"裁剪"功能，将多余部分去除。

（6）插入箭头的操作和插入矩形的操作相似。插入的SmartArt图形类型是"流程图"中的"上移步骤流程"。为了便于操作，可以在其他Word文档中将SmartArt图形设置好以后再复制过来。

（7）单击"插入"选项卡中"符号"选项组的"符号"下拉按钮，在弹出的菜单中选择"其他符号"→"实心星"命令，将颜色更改为红色即可。

（二）Excel综合实验

小李在一家计算机图书销售公司担任市场部助理，主要是为部门经理提供销售信息的分析和汇总，根据要求完成销售数据的统计和分析工作。在素材文件夹中，打开"Z2-Excel素材.xlsx"，将其另存为"Z2-学号-姓名.xlsx"（".xlsx"为文件扩展名），之后所有的操作均基于此文件。

1. 对"订单明细表"工作表进行格式调整，通过套用表格格式（表样式浅色9）方法将所有的销售记录调整为一致的外观格式，并将"单价"列和"小计"列所包含的单元格调整为"会计专用"（人民币）数字格式。

2. 根据图书编号，请在"订单明细表"工作表的"图书名称"列中，使用VLOOKUP函数完成图书名称的自动填充。"图书名称"和"图书编号"的对应关系在"编号对照"工作表中。

3. 根据图书编号，请在"订单明细表"工作表的"单价"列中，使用VLOOKUP函数完成图书单价的自动填充。"单价"和"图书编号"的对应关系在"编号对照"工作表中。

4. 在"订单明细表"工作表的"小计"列中，计算每笔订单的销售额。

5. 根据"订单明细表"工作表中的销售数据，统计所有订单的总销售金额，并将其填写在"统计报告"工作表的B3单元格中。

6. 根据"订单明细表"工作表中的销售数据，统计图书《MS Office高级应用》在2012年的总销售额，并将其填写在"统计报告"工作表的B4单元格中。

---

① "短划线"的正确用法应为"短画线"。

7. 根据"订单明细表"工作表中的销售数据，统计 2011 年第 3 季度隆华书店的总销售额，并将其填写在"统计报告"工作表的 B5 单元格中。

8. 根据"订单明细表"工作表中的销售数据，统计 2011 年隆华书店每月的平均销售额（保留 2 位小数），并将其填写在"统计报告"工作表的 B6 单元格中。

【提示】

（1）略。

（2）在"订单明细表"工作表的 E3 单元格中输入公式"=VLOOKUP(D3,表 2,2,FALSE)"，其中"表 2"是素材中已经定义好的名称，覆盖区域是"编号对照表"工作表中的 A3:C19 单元格区域。

（3）在"订单明细表"工作表的 F3 单元格中输入公式"=VLOOKUP(D3,表 2,3,FALSE)"。

（4）在"订单明细表"工作表的 H3 单元格中输入公式"=F3*G3"。

（5）在"统计报告"工作表的 B3 单元格中输入公式"=SUM(订单明细表!H3:H636"或"=SUM(表 3[小计])"。需要特别注意"表 3[小计]"这种表示形式的含义。

（6）删除"统计报告"工作表的 B4、B5、B6 单元格中的数据，在 B4 单元格中输入公式"=SUMIFS(表 3[小计],表 3[图书编号],"BK-83021",表 3[日期],">=2012-1-1",表 3[日期],"<=2012-12-31")"。

（7）在"统计报告"工作表的 B5 单元格中输入公式"=SUMIFS(表 3[小计],表 3[书店名称],"隆华书店",表 3[日期],">=2011-7-1",表 3[日期],"<=2011-9-30")"。

（8）在"统计报告"工作表的 B6 单元格中输入公式"=SUMIFS（表 3[小计]，表 3[书店名称]，"隆华书店"，表 3[日期]，">=2011-1-1"，表 3[日期]，"<=2011-12-31"）/12"。

（三）PowerPoint 综合实验

刘老师正在准备有关《小企业会计准则》的培训课件，她的助手已搜集并整理了一份该准则的相关资料，并存放在"Z2-PPT 素材.docx"中，请按下列要求帮助刘老师完成课件的整合制作。

1. 在素材文件夹中创建一个名为"Z2-学号-姓名.pptx"（".pptx"为扩展名）的新演示文稿，后续操作均基于此文件。该演示文稿需要包含"Z2-PPT 素材.docx"中的所有内容，每张幻灯片对应 Word 文档中的一页，其中 Word 文档中应用的"标题 1"、"标题 2"和"标题 3"样式的文本内容分别对应演示文稿中每张幻灯片的标题文字、第一级文本内容、第二级文本内容。

2. 取消第 2 张幻灯片中文本内容前的项目符号，并将最后两行的落款和日期右对齐。将第 3 张幻灯片中用绿色标出的文本内容转换为"垂直框列表"类的 SmartArt 图形，并分别将每个列表框链接到对应的幻灯片。将第 9 张幻灯片中的版式设为"两栏内容"，并在右侧的内容框中插入对应素材文档第 9 页中的图形。将第 14 张幻灯片最后一段文字向右缩进两个级别，并链接到"小企业准则适用行业范围.docx"。

3. 将第 15 张幻灯片自"（二）定性标准"拆分为标题同为"二、统一中小企业划分范畴"的 2 张幻灯片，并参考原素材文档中的第 15 页内容将前一张幻灯片中的红色文字转换为一个表格。

4. 将素材文档第 16 页中的图片插入对应的幻灯片中，并适当调整图片大小。将最后一张幻灯片的版式设为"标题和内容"，将图片"pic.gif"插入内容框中，并适当调整其大小。将倒数第 2 张幻灯片的版式设为"内容与标题"，参考素材文档第 18 页中的样例，在幻灯片右侧的内容框中插入 SmartArt 不定向循环图，并为其设置一个逐项出现的动画效果。

5. 将演示文稿按如表 18-1 所示的要求分为 5 节，并为每节应用不同的设计主题和幻灯片切换方式。

表 18-1　演示文稿分节的具体要求

节　名	包含的幻灯片/张
小企业准则简介	1～3
准则的颁布意义	4～8
准则的制定过程	9
准则的主要内容	10～18
准则的贯彻实施	19～20

【提示】

（1）新建一个文件，选择"文件"→"打开"命令，在"打开"对话框中将文件类型更改为"所有文件（*.*）"，打开"Z2-PPT_素材.docx"，然后另存为"Z1-学号-姓名.pptx"。

（2）选中所有绿色文本，单击鼠标右键，在弹出的快捷菜单中选择"转换为 SmartArt"→"其他 SmartArt 图形"命令，在弹出的对话框的左侧选择"列表"，右侧选择"垂直框列表"（位于第 2 行第 2 列），单击"确定"按钮。

向右缩进 2 个级别的操作是单击"开始"选项卡中"段落"选项组的"提高列表级别"按钮 2 次。

（3）选择第 15 张幻灯片，切换到"大纲"视图，将光标定位在文字"（二）定性标准"之前，并按 Enter 键。然后单击"开始"选项卡中"段落"选项组的"降低列表级别"按钮即可实现拆分。将红色文字删除，然后把素材文件中的表格复制过来即可。

（4）略。

（5）参考 Office 综合实验一。

三、样张

参见素材文件夹中的答案文件。

公共基础知识

一、数据结构与算法

【例 1】下列叙述中正确的是_____。

A．一个算法的空间复杂度大，其时间复杂度也必定大

B．一个算法的空间复杂度大，其时间复杂度必定小

C．一个算法的时间复杂度大，其空间复杂度必定小

D．算法的时间复杂度与空间复杂度没有直接关系

答案：D

解析：算法的空间复杂度是指算法在执行过程中所需要的内存空间，算法的时间复杂度是指执行算法所需要的计算工作量，两者之间并没有直接关系。

【例 2】在计算机领域中，算法是指_____。

A．查询方法 B．加工方法

C．解题方案的准确而完整的描述 D．排序方法

答案：C

解析：选项 A、B、D 的叙述都过于片面。

【例 3】下列叙述中正确的是_____。

A．算法的效率只与问题的规模有关，而与数据的存储结构无关

B．算法的时间复杂度是指执行算法所需要的计算工作量

C．数据的逻辑结构与存储结构是一一对应的

D．算法的时间复杂度与空间复杂度一定相关

答案：B

解析：算法的效率与问题的规模和数据的存储结构都有关，选项 A 错误。算法的时间复杂度是指执行算法所需要的计算工作量，选项 B 正确。由于数据元素在计算机存储空间中的位置关系可能与逻辑关系不同，所以数据的逻辑结构和存储结构不是一一对应的，选项 C 错误。算法的时间复杂度和空间复杂度没有直接关系，选项 D 错误。

【例 4】算法的时间复杂度是指_____。

A．执行算法程序所需要的时间

B．算法程序的长度

C．算法执行过程中所需要的基本运算次数

D．算法程序中的指令条数

答案：C

解析： 算法的复杂度分为时间复杂度和空间复杂度。

时间复杂度：在运行算法时所耗费的时间为 $f(n)$（是关于 n 的函数)。

空间复杂度：实现算法所占用的空间为 $g(n)$（也是关于 n 的函数)。

将 $O(f(n))$ 和 $O(g(n))$ 称为该算法的复杂度。

例如，常见的顺序结构的时间复杂度为 $O(1)$，1 层循环中次数为 n，时间复杂度就是 $O(n)$，2 层循环 for i=1 to n,for j=1 to n 算法的时间复杂度为 $O(n^2)$，复杂度主要用于算法的效率比较与优化，如排序、查找等。

【例 5】 算法的空间复杂度是指_____。

A．算法程序的长度　　　　　　　　　B．算法程序中的指令条数

C．算法程序所占的存储空间　　　　　D．算法执行过程中所需要的存储空间

答案： D

解析： 算法占用的存储存空间主要是内存空间，因为算法中的变量、地址等通常保存在内存中（如果在虚存、缓存，甚至已在 CPU 中运行，也算占用了存储空间）。

【例 6】 算法一般都可以用_____控制结构组合而成。

A．循环、分支、递归　　　　　　　　B．顺序、循环、嵌套

C．循环、递归、选择　　　　　　　　D．顺序、选择、循环

答案： D

解析： 在结构化程序设计中，基本控制结构为顺序、选择、循环。各种具体的程序设计语言中的一些控制结构都可以划分到这些类中，如 VB 语言中的 Select Case 语句、If...Elseif...Else...End If，以及 C/C++语言中的 switch()、if{}等语句都属于选择控制结构。相应的 for 循环和 while 语句都属于循环结构。按从上到下顺序执行的就是顺序控制结构。

【例 7】 算法分析的目的是_____。

A．找出数据结构的合理性　　　　　　B．找出算法中输入和输出之间的关系

C．分析算法的易懂性和可靠性　　　　D．分析算法的效率以求改进

答案： D

解析： 二分法查找比顺序查找更快，仔细分析这些算法以求效率改进。

【例 8】 下列叙述中正确的是_____。

A．算法的执行效率与数据的存储结构无关

B．算法的空间复杂度是指算法程序中指令（或语句）的条数

C．算法的有穷性是指算法必须能在执行有限个步骤之后终止

D．以上说法都不正确

答案： B

解析： 算法的执行效率与数据的存储结构有关。

【例 9】 在下列选项中，_____不是算法一般应该具有的基本特征。

A．确定性　　　　B．可行性　　　　　C．无穷性　　　　D．拥有足够的情报

答案： C

解析： 算法具有确定性、可行性，并且拥有足够的情报。

【例 10】 下列叙述中正确的是_____。

A．程序执行的效率与数据的存储结构密切相关

B．程序执行的效率只取决于程序的控制结构

C．程序执行的效率只取决于所处理的数据量

D．以上说法都不正确

答案：A

解析：程序执行的效率与数据的存储结构、数据的逻辑结构、程序的控制结构、所处理的数据量等有关。

【例 11】 数据的存储结构是指_____。

A．数据所占的存储空间量　　　　　　B．数据的逻辑结构在计算机中的表示

C．数据在计算机中的顺序存储方式　　D．存储在外存中的数据

答案：B

解析：这是一道基本概念题。存储空间量只是数据存储结构的一个属性，选项 C 的叙述太片面，存储结构除了顺序存储还有其他方式。

【例 12】 在数据结构中，与所使用的计算机无关的是数据的_____。

A．存储结构　　　B．物理结构　　　　C．逻辑结构　　　D．物理和存储结构

答案：C

解析：通过前面的一些题目的解释，相信此题对读者来说非常简单。

逻辑结构更接近人的思想，如栈的先进后出的结构是逻辑结构，如果研究栈在内存中的结构，如地址、地址里的内容等，就是物理结构，一般无须过于深入底层钻研。

【例 13】 下列数据结构中不属于线性数据结构的是_____。

A．队列　　　　　B．线性表　　　　　C．二叉树　　　　D．栈

答案：C

解析：一棵二叉树的一个节点下面可以有 2 个子节点，故不是线性结构（通俗来看，就是是否能排成一条直线）。

队列是先进先出的线性表；线性表是宏观概念，包括顺序表、链表、堆栈、队列等；栈是先进后出的线性表。

【例 14】 下列叙述中正确的是_____。

A．线性表链式存储结构的存储空间一般要小于顺序存储结构

B．线性表链式存储结构与顺序存储结构的存储空间都是连续的

C．线性表链式存储结构的存储空间可以是连续的，也可以是不连续的

D．以上说法都不正确

答案：C

解析：线性表的顺序存储结构具备如下两个基本特征：线性表中的所有元素所占的存储空间是连续的；线性表中各数据元素在存储空间中是按逻辑顺序依次存放的。用一组任意的存储单元依次存放线性表的节点，这组存储单元既可以是连续的，也可以是不连续的，甚至可以是零散分布在内存中任意位置上的。因此，选项 C 是正确的。

【例 15】 线性表的顺序存储结构和线性表的链式存储结构分别是_____。

A. 顺序存取的存储结构、顺序存取的存储结构

B. 随机存取的存储结构、顺序存取的存储结构

C. 随机存取的存储结构、随机存取的存储结构

D. 任意存取的存储结构、任意存取的存储结构

答案： B

解析： 顺序存储结构可以以数组为例来说明，它在内存中的一片连续的储存空间中，从第一个元素到最后一个元素，只要根据下标就可以访问。

链式存储结构可以以 C/C++语言中的链表为例来说明，各个链节点无须存放在一片连续的内存空间，访问节点时，需要先找到链表的第一个节点，进而通过指针（地址）访问其他节点。

【例 16】 在下列链表中，其逻辑结构属于非线性结构的是_____。

A. 二叉链表   B. 循环链表

C. 双向链表   D. 带链的栈

答案： A

解析： 在定义的链表中，若只含有一个指针域来存放下一个元素地址，则称这样的链表为单链表或线性链表。带链的栈可以用来收集计算机存储空间中所有空闲的存储节点，是线性表。在单链表的节点中增加一个指针域指向它的直接前件，这样的链表就称为双向链表。循环链表具有单链表的特征，但又不需要增加额外的存储空间，仅对表的链接方式稍做改变，这样对表的处理将更加方便、灵活，属于线性链表。二叉链表是二叉树的物理实现，是一种存储结构，不属于线性结构。

【例 17】 在单链表中，增加头节点的目的是_____。

A. 方便运算的实现   B. 使单链表至少有一个节点

C. 标识表节点中头节点的位置   D. 说明单链表是线性表的链式存储实现

答案： A

【例 18】 用链表表示线性表的优点是_____。

A. 便于插入和删除操作   B. 数据元素的物理顺序与逻辑顺序相同

C. 花费的存储空间比顺序存储少   D. 便于随机存取

答案： A

解析： 如果是紧凑排列，那么数组在删除其中一个元素时极不方便，因为它需要把后面的元素都向前移一个位置（如果是插入则向后移）。如果使用链表，那么只需要改变指针的指向，其他元素都不用动。

所以，用链表表示线性表的优点是便于插入和删除操作。

【例 19】 下列关于栈的叙述中，正确的是_____。

A. 栈底元素一定是最后入栈的元素   B. 栈顶元素一定是最先入栈的元素

C. 栈操作遵循先进后出的原则   D. 以上说法都不正确

答案： C

解析： 栈顶元素总是最后被插入的元素，所以是最先被删除的元素。栈底元素总是最先被插入的元素，所以也是最后才能被删除的元素。栈的修改是按后进先出的原则进行的。因此，

栈被称为先进后出表或后进先出表。

【例20】一个栈的初始状态为空。现将元素 1，2，3，A，B，C 依次入栈，然后依次出栈，则元素出栈的顺序是_____。

A．1，2，3，A，B，C
B．C，B，A，1，2，3
C．C，B，A，3，2，1
D．1，2，3，C，B，A

答案：C

解析：栈的操作是按后进先出的原则进行的，所以出栈顺序应与入栈顺序相反。

【例21】下列与队列结构有关联的是_____。

A．函数的递归调用
B．数组元素的引用
C．多重循环的执行
D．先到先服务的作业调度

答案：D

解析：队列的操作是依据先进先出的原则进行的。

【例22】下列叙述中正确的是_____。

A．循环队列中的元素个数随队头指针与队尾指针的变化而动态变化
B．循环队列中的元素个数随队头指针的变化而动态变化
C．循环队列中的元素个数随队尾指针的变化而动态变化
D．以上说法都不正确

答案：A

解析：在循环队列中，用尾指针 rear 指向队列中的队尾元素，用头指针 front 指向排头元素的前一个位置。从头指针 front 指向的后一个位置直到尾指针 rear 指向的位置之间的所有元素均为队列中的元素。因此，循环队列中的元素个数随头指针和尾指针的变化而变化。

【例23】假设循环队列的存储空间为 Q（1:35），初始状态为 front=rear=35。现经过一系列入队与退队运算后，front=15，rear=15，则循环队列中的元素个数为_____。

A．15
B．16
C．20
D．0 或 35

答案：D

解析：在循环队列中，用尾指针 rear 指向队列中的队尾元素，用头指针 front 指向排头元素的前一个位置。在循环队列中进行出队、入队操作时，头指针和尾指针仍要加 1，朝前移动。只不过当头尾指针指向向量上界时，其加 1 操作的结果指向向量的下界 0。由于入队时尾指针向前追赶头指针，出队时头指针向前追赶尾指针，故队空和队满时，头指针和尾指针相等。

【例24】栈和队列的共同点是_____。

A．都是先进后出
B．都是先进先出
C．只允许在端点处插入和删除元素
D．没有共同点

答案：C

解析：栈是先进后出的，队列是先进先出的。二者的共同点是只允许在端点处插入和删除元素。栈是在一端进与出，队列是在一端进而在另一端出。

【例25】一棵二叉树共有 80 个叶子节点与 70 个度为 1 的节点，则该二叉树中的总节点数为_____。

A．219
B．229
C．230
D．231

答案：B

解析：在二叉树中，度为 0 的节点数等于度为 2 的节点数加 1，即 $n_0 = n_2 + 1$，叶子节点表示度为 0，则 $n_2 = 79$，总节点数为 $n_0 + n_1 + n_2 = 80 + 70 + 79 = 229$。

【例 26】某二叉树共有 12 个节点，其中叶子节点只有 1 个，则该二叉树的深度为（根节点在第 1 层）_____。

A. 3　　　　　　B. 6　　　　　　C. 8　　　　　　D. 12

答案：D

解析：在二叉树中，度为 0 的节点数等于度为 2 的节点数加 1，即 $n_2 = n_0 - 1$，叶子节点表示度为 0，$n_0 = 1$，则 $n_2 = 0$，总节点数为 $12 = n_0 + n_1 + n_2 = 1 + n_1 + 0$，则度为 1 的节点数 $n_1 = 11$，故深度为 12。

【例 27】对下列二叉树进行前序遍历的结果为_____。

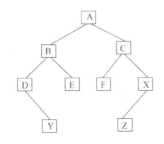

A. DYBEAFCZX　　　　　　B. YDEBFZXCA

C. ABDYECFXZ　　　　　　D. ABCDEFXYZ

答案：C

解析：前序遍历是指在访问根节点、遍历左子树与遍历右子树这三者中，首先访问根节点，然后遍历左子树，最后遍历右子树。同时，在遍历左子树和右子树时，仍然先访问根节点，然后遍历左子树，最后遍历右子树。前序遍历描述如下：若二叉树为空，则执行空操作；否则，先访问根节点，再前序遍历左子树，最后前序遍历右子树。

【例 28】在一棵二叉树上，第 5 层的节点数最多是_____。

A. 8　　　　　　B. 16　　　　　　C. 32　　　　　　D. 15

答案：B

解析：依次从上到下，可得出如下结果。

第 1 层的节点数为 1。

第 2 层的节点数为 2×1=2。

第 3 层的节点数为 2×2=4。

第 n 层的节点数为 2 的 $n-1$ 次幂。

【例 29】在深度为 5 的满二叉树中，叶子节点的个数为_____。

A. 32　　　　　　B. 31　　　　　　C. 16　　　　　　D. 15

答案：C

解析：先搞清楚满二叉树与完全二叉树之间的区别。

【例 30】设一棵完全二叉树共有 699 个节点，则该二叉树的叶子节点数为_____。

A. 349　　　　　　B. 350　　　　　　C. 255　　　　　　D. 351

答案：B

解析：若二叉树中最多只有最下面两层的节点的度可以小于 2，并且最下面一层的节点（叶子节点）都依次排列在该层最左边的位置上，这样的二叉树为完全二叉树。

完全二叉树除叶子节点层外的所有节点数（叶子节点层以上所有节点数）为奇数，在此题中，699 是奇数，叶子节点层以上的所有节点数为奇数，则叶子节点数必是偶数，所正确答案是 B。

【例 31】已知二叉树后序遍历序列是 dabec，中序遍历序列是 debac，那么它的前序遍历序列是_____。

A．cedba B．acbed C．decab D．deabc

答案：A

解析：后序又叫后根，一次遍历过程是先左子树再右子树最后根；中序一次遍历过程是先左子树再根最后右子树。

【例 32】对长度为 N 的线性表进行顺序查找，在最坏情况下所需要的比较次数为_____。

A．N+1 B．N C．(N+1)/2 D．N/2

答案：B

解析：二级程序设计语言书籍中都有此算法，另外还要掌握二分查找，这也是计算机等级考试中的高频考点。

二分查找最坏的情况是大于 $\log_2 n$ 的最小整数值。

如果 n 为 4，那么最坏的情况是比较 3 次；如果 n 为 18，那么最坏的情况是比较 5 次。

二分查找适用于已排序的顺序表。

【例 33】对长度为 10 的线性表进行冒泡排序，在最坏的情况下需要比较的次数为_____。

A．9 B．10 C．45 D．90

答案：C

解析：冒泡法是在扫描过程中逐次比较相邻两个元素的大小，最坏的情况是每次比较都要将相邻的两个元素互换，需要互换的次数为 9+8+7+6+5+4+3+2+1=45。

【例 34】对长度为 n 的线性表做快速排序，在最坏的情况下需要比较的次数为_____。

A．n B．n-1 C．n(n-1) D．n(n-1)/2

答案：D

解析：快速排序最坏的情况就是每次选的基准数都和其他数做过比较，总共需要比较的次数是(n-1)+(n-2)+…+1=n(n-1)/2。

【例 35】Shell 排序法属于_____。

A．交换类排序法 B．插入类排序法
C．选择类排序法 D．建堆排序法

答案：B

解析：Shell 排序法输入的是数组名称（也就是数组首地址）、数组中的元素个数。

其思想如下：在直接插入排序算法中，每次插入 1 个数，使有序序列只增加 1 个节点，并且对插入下一个数没有提供任何帮助。

【例 36】在下列几种排序方法中，要求内存量最大的是_____。

A．插入排序 B．选择排序 C．快速排序 D．归并排序

答案：D

【例 37】已知数据表 A 中每个元素距其最终位置不远,为了节省时间,应采用的算法是_____。

A．堆排序 B．直接插入排序 C．快速排序 D．直接选择排序

答案：B

解析：请回想每个选项的排序原理。

二、程序设计基础

【例1】对建立良好的程序设计风格，下列叙述正确的是_____。
A．程序应简单、清晰、可读性好 B．符号名的命名要符合语法要求
C．充分考虑程序的执行效率 D．程序的注释可有可无
答案：A
解析：建立良好的程序设计风格需要注意以下几点。
① 用规范的、清晰的、容易理解的方式编写程序。
② 应该特别注意程序的书写格式，使其形式反映出内在的意义结构。
③ 充分而合理地使用程序注释为函数和全局数据进行解释。

【例2】下列选项中不符合良好程序设计风格的是_____。
A．源程序要文档化 B．数据说明的次序要规范化
C．避免滥用 goto 语句 D．模块设计要保证高耦合、高内聚
答案：D
解析：优秀的软件应保证高内聚、低耦合。
内聚性是用来度量一个模块功能强度的相对指标，一个内聚程序高的模块应当只做一件事。
耦合性用来度量模块之间相互联系的程度。耦合性与内聚性是相互关联的，在程序结构中各模块的内聚性越强，耦合性越弱。

【例3】下列叙述中符合结构化程序设计风格的是_____。
A．使用顺序、选择和重复（循环）这 3 种基本控制结构表示程序的控制逻辑
B．模块只有一个入口，可以有多个出口
C．注重提高程序的执行效率
D．不使用 goto 语句
答案：A
解析：不同模块之间可以通过多个接口来耦合；结构化程序设计提倡程序的可读性（可理解性），超过程序执行效率的要求；结构化程序设计限制 goto 语句的使用，因为 goto 语句的功能可以用 3 种基本的控制结构来代替，但也不是绝对不能用，只是限制使用（少用）。

【例4】结构化程序设计主要强调的是_____。
A．程序的规模 B．程序的易读性
C．程序的执行效率 D．程序的可移植性
答案：B
解析：简单的结构化程序如下。
VB 语言：If...End If
C 语言：if..{...}
Pascal 语言：Begin ...End
我们在"结构"的中间写代码，就能很快理解从哪里执行到哪里结束。
此题中重要性为 B>C>D。

【例5】在结构化程序设计中，下列对 goto 语句的叙述正确的是_____。

A．禁止使用 goto 语句　　　　　　B．使用 goto 语句程序效率高

C．应避免滥用 goto 语句　　　　　D．以上说法都不正确

答案：C

解析：在结构化程序设计中，应尽量避免使用 goto 语句。

【例6】结构化程序设计方法提出于_____。

A．20 世纪 50 年代　　　　　　　　B．20 世纪 60 年代

C．20 世纪 70 年代　　　　　　　　D．20 世纪 80 年代

解析：20 世纪 70 年代提出了结构化程序设计（Structured Programming）。结构化程序设计方法引入了工程化思想和结构化思想，使大型软件的开发和编程得到了极大的改善。

答案：C

【例7】下列对结构化程序设计方法的主要原则的叙述，不正确的是_____。

A．自下向上　　　　　　　　　　　B．逐步求精

C．模块化　　　　　　　　　　　　D．限制使用 goto 语句

解析：结构化程序设计方法的主要原则如下。

① 自顶向下：先考虑总体，后考虑细节；先考虑全局目标，后考虑局部目标。

② 逐步求精：对复杂问题应设计一些子目标作为过渡，然后逐步细化。

③ 模块化：把程序要解决的总目标分解为分目标，再进一步分解为具体的小目标，把每个小目标称为一个模块。

④ 限制使用 goto 语句。

答案：A

【例8】源程序的文档化不包括_____。

A．符号名的命名要有实际意义　　　B．正确的文档格式

C．良好的视觉组织　　　　　　　　D．正确的程序注释

答案：B

解析：源程序的文档化主要包括以下几点。

① 符号名的命名应具有一定的实际含义，以便理解程序功能。

② 正确的程序注释：包括充分而合理地使用程序注释，为函数和全局数据进行解释。

③ 良好的视觉组织：在程序中利用空格、空行、缩进等技巧使程序层次清晰。

【例9】结构化程序设计的 3 种基本控制结构是_____。

A．过程、子程序和分程序　　　　　B．顺序、选择和重复

C．递归、堆栈和队列　　　　　　　D．调用、返回和转移

答案：B

解析：程序设计主要经历了结构化设计和面向对象的程序设计阶段，其中程序设计语言仅使用顺序、选择和重复这 3 种基本控制结构就足以表达各种其他形式结构的程序设计方法。

【例10】下列对对象概念的叙述正确的是_____。

A．对象之间的通信靠消息传递　　　B．对象是名字和方法的封装体

C．任何对象必须有继承性　　　　　D．对象的多态性是指一个对象有多个操作

答案：A

解析：对象之间进行通信的构造叫作消息，选项 A 正确。多态性是指同一个操作可以是不同对象的行为，选项 D 错误。对象不一定必须有继承性，选项 C 错误。封装性是指从外面看只能看到对象的外部特征，而不知道也无须知道数据的具体结构及实现操作，选项 B 错误。

【例 11】面向对象的开发方法中，类与对象的关系是_____。

A．抽象与具体 　　　　　　　　　B．具体与抽象

C．部分与整体 　　　　　　　　　D．整体与部分

答案：A

解析：现实世界中的很多事物都具有相似的性质，把具有相似的属性和操作的对象归为类，也就是说，类是具有共同属性、共同方法的对象的集合，是对对象的抽象。它描述了该对象类型的所有对象的性质，而一个对象则是对应类的一个具体实例。

【例 12】在面向对象方法中，一个对象请求另一个对象为其服务的方式是通过发送_____。

A．调用语句 　　　　B．命令 　　　　C．口令 　　　　D．消息

答案：D

解析：对象之间的相互作用和通信是通过消息来完成的，当对象 A 要执行对象 B 的方法时，对象 A 发送一个消息到对象 B。接收对象需要有足够的信息，以便知道要它做什么。通常，一个消息由接收消息的对象的名称、消息标识符（消息名）、零个或多个参数组成。

【例 13】信息隐蔽的概念与下述哪种概念直接相关_____。

A．对象的继承 　　　　　　　　　B．对象的多态

C．对象的封装 　　　　　　　　　D．对象的分类

答案：C

解析：对象的基本特点如下：标识唯一性；分类性；多态性；封装性；模块独立性好。

继承是指能够直接获得已有的性质和特征，而不必重复定义它们。多态性是指同样的消息被不同的对象接收时可以导致完全不同的行动的现象。在面向对象程序设计中，从外面看只能看到对象的外部特征，而不知道也无须知道数据的具体结构及实现操作的算法，这称为对象的封装性。

【例 14】下列选项中不属于面向对象程序设计特征的是_____。

A．继承性 　　　　B．多态性 　　　　C．分类性 　　　　D．封闭性

答案：D

【例 15】采用面向对象技术开发的应用系统的特点是_____。

A．重用性更强 　　　　　　　　　B．运行速度更快

C．占用存储量小 　　　　　　　　D．维护更复杂

答案：A

解析：采用面向对象技术开发的应用系统的特点主要包括以下几点：与人类习惯的思维方法一致，稳定性好，可重用性好，易于开发大型软件产品，可维护性好。

【例 16】下列对对象概念的描述，错误的是_____。

A．任何对象都必须有继承性 　　　B．对象是属性和方法的封装体

C．对象之间的通信靠消息传递 　　D．操作是对象的动态性属性

答案：A

解析：此题为基本概念，必须牢记。

【例 17】下列几个概念不属于面向对象方法的是_____。

A．对象　　　　　　　B．继承　　　　　　　C．类　　　　　　　D．过程调用

答案：D

解析：面向对象=对象+类+继承+通过消息的通信

对象：一组属性及其上的操作的封装体。

类：一组有相同属性和操作的对象的集合。

继承：指派生类可以获取其基类特征的能力，子类继承父类，主要目的是代码复用。

消息：对象之间通信的手段。

过程调用：用在结构化程序设计或过程式（函数式）语言中，一般的面向对象程序设计语言兼容这种方式，但不是其特征，故最佳选项为 D。

【例 18】面向对象的设计方法与传统的面向过程的方法有本质的不同，它的基本原理是_____。

A．模拟现实世界中不同事物之间的联系

B．强调模拟现实世界中的算法，而不强调概念

C．使用现实世界的概念抽象地思考问题，从而自然地解决问题

D．鼓励开发者在软件开发的绝大部分中都用实际领域的概念进行思考

答案：C

解析：原理性知识。

三、软件工程基础

【例 1】构成计算机软件的是_____。

A．源代码　　　　　　　　　　　　B．程序和数据

C．程序和文档　　　　　　　　　　D．程序、数据及相关文档

答案：D

解析：软件指的是计算机系统中与硬件相互依赖的部分，包括程序、数据及相关文档。

【例 2】关于软件的特点，下列叙述中正确的是_____。

A．软件是一种物理实体

B．软件在运行使用期间不存在老化问题

C．软件的开发、运行对计算机没有依赖性，不受计算机系统的限制

D．软件的生产有一个明显的制作过程

答案：B

解析：软件在运行期间不会因为介质的磨损而老化，只可能因为适应硬件环境及需求变化进行修改而引入错误，导致失效率升高，从而使软件退化。

【例 3】下列不属于软件工程的 3 个要素的是_____。

A．工具　　　　　　　B．过程　　　　　　　C．方法　　　　　　　D．环境

答案：D

解析： 软件工程的 3 个要素是工具、方法、过程

【例 4】 _____是软件生命周期的主要活动阶段。

  A．需求分析　　　　B．软件开发　　　　C．软件确认　　　　D．软件演进

答案： A

解析： 软件开发、软件确认和软件演进是软件工程过程的基本活动，需求分析是软件规格说明。

【例 5】 在软件生命周期中，能准确地确定软件系统必须做什么和必须具备哪些功能的阶段是_____。

  A．概要设计　　　　B．详细设计　　　　C．可行性分析　　　　D．需求分析

答案： D

解析： 题中所述为需求分析。

【例 6】 软件生命周期可分为定义阶段、开发阶段和维护阶段，下列不属于开发阶段任务的是_____。

  A．测试　　　　B．设计　　　　C．可行性研究　　　　D．实现

答案： C

解析： 开发阶段包括分析、设计和实施两类任务。其中，分析、设计包括需求分析、总体设计和详细设计 3 个阶段，实施则包括编码和测试 2 个阶段。

【例 7】 下列不属于软件需求分析阶段主要工作的是_____。

  A．需求变更申请　　　　　　　　B．需求分析
  C．需求评审　　　　　　　　　　D．需求获取

答案： A

解析： 需求分析阶段的工作可概括为 4 个方面：①需求获取；②需求分析；③编写需求规格说明书；④需求评审。

【例 8】 数据字典所定义的对象都包含于_____中。

  A．数据流程图　　B．程序流程图　　C．软件结构图　　D．方框图

答案： A

解析： 在数据流程图中，对所有元素都进行了命名，所有名字的定义集中起来就构成了数据字典。

【例 9】 程序流程图中的箭头代表的是_____。

  A．数据流　　　　B．控制流　　　　C．调用关系　　　　D．组成关系

答案： B

解析： "如果 A，那么 B，否则 C"，这是计算机中常用的程序流程方式，我们可以画成相应的程序流程图或方框图。箭头控制哪条语句执行，因此选 B。

【例 10】 下列工具中属于需求分析常用工具的是_____。

  A．PAD　　　　B．PFD　　　　C．N-S　　　　D．DFD

答案： D

解析： PAD，问题分析图，常用于详细设计。

PFD，程序流程图，常用于详细设计，如 C 语言、VB 语言等程序设计都有简单的实例。

N-S，方框图，比程序流程图更灵活，也常用于详细设计。

DFD，数据流图，远离在计算机上的具体实现，不懂计算机的用户也能看懂，用于需求分析。

【例 11】下列叙述中，不属于软件需求规格说明书的作用的是_____。

A．便于用户、开发人员进行理解和交流

B．反映出用户问题的结构，可以作为软件开发工作的基础和依据

C．作为确认测试和验收的依据

D．便于开发人员进行需求分析

答案：D

解析：选项 A、B、C 都是作用；选项 D 有一定的错误，开发人员包括很多，如程序员的工作就不是进行需求分析。

【例 12】在数据流图中，带有名字的箭头表示_____。

A．控制程序的执行顺序　　　　　　　B．模块之间的调用关系

C．数据的流向　　　　　　　　　　　D．程序的组成成分

答案：C

解析：顾名思义，数据流图就是用带有方框（外部实体）、圆圈（变换/加工）和带有名字的箭头表示数据的流向。

需求分析中常用的分析图远离计算机上的具体实现，软件人员和用户都能看懂，有利于和用户交流。

【例 13】需求分析阶段的任务是确定_____。

A．软件开发方法　　B．软件开发工具　　C．软件开发费用　　D．软件系统功能

答案：D

解析：根据前面的题目的解释，相信大家对需求分析已经有了理性认识。

分析员对用户的要求进行分析，并画出数据流程图，该图通俗易懂，不涉及如何在计算机上实现，这是需求分析阶段，用户也参与，确定软件系统功能是一项非常重要的任务。

【例 14】数据流图用于抽象描述一个软件的逻辑模型。数据流图由一些特定的图符构成，下列不属于数据流图合法图符的是_____。

A．控制流　　　　　B．加工　　　　　C．数据存储　　　　D．源和潭

答案：A

解析：数据流图用于需求分析阶段，在此阶段我们只考虑大致的数据流流向，而不关心内部具体的处理，以及如何在计算机上实现，不必讨论控制流，只关心数据流、数据储存、变换/加工（相当于一个黑盒，不关心内部细节）、外部实体。数据流图通俗易懂，因为它远离了计算机，用户（无须懂编程）和软件人员都容易接受。输入流和输出流（即源和潭）就是一个简单的软件系统逻辑模型。

【例 15】软件需求分析阶段的工作可以分为 4 个方面：需求获取、需求分析、编写需求规格说明书及 _____。

A．阶段性报告　　　B．需求评审　　　　C．总结　　　　　　D．都不正确

答案：B

解析：评审（复审）每个阶段都有。

【例 16】在软件开发中，下列任务不属于设计阶段的是_____。

A．数据结构设计   B．给出系统模块结构

C．定义模块算法   D．定义需求并建立系统模型

答案： D

解析： 选项 A、B 属于概要设计，选项 C 属于详细设计，选项 D 属于分析阶段。

【例 17】从技术角度来看，软件设计包括_____。

A．结构设计、数据设计、接口设计、程序设计

B．结构设计、数据设计、接口设计、过程设计

C．结构设计、数据设计、文档设计、过程设计

D．结构设计、数据设计、文档设计、程序设计

答案： B

解析： 从技术角度来看，要进行结构、数据、接口、过程的设计。结构设计是定义系统各部件关系，数据设计是根据分析模型转化数据结构，接口设计是描述如何通信，过程设计是把系统结构部件转化为软件的过程性描述。

【例 18】下列不属于软件设计阶段任务的是_____。

A．软件总体设计   B．算法设计

C．制订软件确认测试计划   D．数据库设计

答案： C

解析： 从技术角度来看，软件设计包括软件结构设计、数据设计、接口设计、过程设计。所以，选项 A、B、D 正确，选项 C 属于软件测试阶段的任务。

【例 19】软件设计中模块划分应遵循的准则是_____。

A．低内聚、低耦合   B．高耦合、高内聚

C．高内聚、低耦合   D．以上说法均错误

答案： C

解析： 根据软件设计原理提出了如下优化准则：①划分模块时，尽量做到高内聚、低耦合，保持模块的相对独立性，并以此原则优化初始的软件结构。②一个模块的作用范围应在其控制范围之内，并且判定所在的模块应与受其影响的模块在层次上尽量靠近。③软件结构的深度、宽度、扇入、扇出应适当。④模块的大小要适中。

【例 20】下列不属于软件设计原则的是_____。

A．抽象 B．模块化   C．自底向上   D．信息隐蔽

答案： C

解析： 无论是设计与编写代码，还是画数据流图或程序流程图，习惯性思维都是先有输入才有输出，从上至下。自底向上不是软件设计的原则。

【例 21】在结构化方法中，软件功能分解属于下列软件开发中的_____阶段。

A．详细设计 B．需求分析   C．总体设计   D．编程调试

答案： C

解析： 软件开发阶段从先到后的顺序是需求分析、总体设计、详细设计、编程调试。

有了需求分析的报告，软件设计人员可以思考要让软件怎么做；然后开始总体设计，并将

软件的功能分解，确定模块之间的接口；有了每个模块功能的分解，再对每个模块进入详细设计阶段；接下来是程序员的任务，编写代码，开始编程调试。

【例 22】下列不属于结构化分析常用工具的是_____。

A．数据流图　　　B．数据字典　　　　　C．判定树　　　　　　　D．PAD 图

答案：D

解析：数据流图用于分析阶段；数据字典也是一种应用于分析阶段的工具；判定树和判定表都是加工描述方法，当然也应用于分析阶段。

PAD 图（问题分析图）是详细设计阶段的工具，它的作用类似于程序流程图和方框图。

【例 23】下列属于黑盒测试法的是_____。

A．语句覆盖　　　B．逻辑覆盖　　　　　C．边界值分析　　　　　D．路径覆盖

答案：C

解析：黑盒测试法不关心程序内部的逻辑，只是根据程序的功能说明设计测试用例。在使用黑盒测试法时，手头只需要有程序功能说明就可以。黑盒测试法分为等价类划分法、边界值分析法和错误推测法。而选项 A、B、D 均为白盒测试法。

【例 24】下列属于白盒测试法的是_____。

A．等价类划分法　　　　　　　　　　B．逻辑覆盖

C．边界值分析法　　　　　　　　　　D．错误推测法

答案：B

解析：白盒测试法主要有逻辑覆盖、基本路径测试等，逻辑覆盖测试包括语句覆盖、路径覆盖、判定覆盖、条件覆盖。选项 A、C、D 为黑盒测试法。

【例 25】下列不属于软件测试实施步骤的是_____。

A．集成测试　　　B．回归测试　　　　　C．确认测试　　　　　　D．单元测试

答案：B

解析：软件测试主要包括单元测试、集成测试、确认测试和系统测试。

【例 26】下列属于软件测试的目的的是_____。

A．证明程序没有错误　　　　　　　　B．演示程序的正确性

C．发现程序中的错误　　　　　　　　D．改正程序中的错误

答案：C

解析：关于测试目的的基本知识，IEEE 的定义如下：使用人工或自动手段运行或测定某个系统的过程，其目的在于检验它是否满足规定的需求，或者弄清楚预期结果与实际结果之间的差别。

【例 27】下列测试需要对接口进行测试的是_____。

A．单元测试　　　B．集成测试　　　　　C．验收测试　　　　　　D．系统测试

答案：B

解析：检查对测试实施各个阶段的了解，集成测试时要进行接口测试、全局数据结构测试、边界条件测试和非法输入测试等。

【例 28】检查软件产品是否符合需求定义的过程称为_____。

A．确认测试　　　B．集成测试　　　　　C．验证测试　　　　　　D．验收测试

答案：A

解析：选项 A、C、D 非常相近，但选项 A 是比较正规的说法。确认测试也称为合格测试或验收测试，主要由用户参加，检验软件规格说明的技术标准的符合程度，是保证软件质量的最后关键环节。

【例29】 在软件工程中，白盒测试法可用于测试程序的内部结构。此方法将程序看作_____。

A．循环的集合　　B．地址的集合　　　C．路径的集合　　　　D．目标的集合

答案：C

解析：白盒测试需要深入源代码的内部；而黑盒测试只关心输入与输出数据是否符合要求。

【例30】 程序调试的主要任务是_____。

A．检查错误　　　B．改正错误　　　　C．发现错误　　　　D．以上都不是

答案：B

解析：程序调试的主要任务是诊断和改正程序中的错误。调试主要在开发阶段进行。

【例31】 下列不是程序调试基本步骤的是_____。

A．分析错误原因　　　　　　　　　B．错误定位

C．修改设计代码，以排除错误　　　D．回归测试，防止引入新的错误

答案：A

解析：程序调试的基本步骤如下。

（1）错误定位。从错误的外部表现形式入手，研究有关部分的程序，确定程序中出错的位置，找出错误的内在原因。

（2）修改设计代码，以排除错误。

（3）回归测试，防止引入新的错误。

【例32】 在修改错误时应遵循的原则有_____。

A．注意修改错误本身，而不仅仅是错误的征兆和表现

B．修改错误的是源代码而不是目标代码

C．遵循程序设计过程中的各种方法和原则

D．以上 3 个都是

答案：D

解析：修改错误原则主要包括以下几点。

（1）在出现错误的地方可能会存在其他错误。

（2）修改错误的一个常见失误是，只修改了这个错误的征兆或这个错误的表现，而没有修改错误本身。

（3）修正一个错误时可能会引入新的错误。

（4）修改错误的过程将迫使人们暂时回到程序设计阶段。

（5）修改源代码程序，不要改变目标代码。

【例33】 下列不属于软件调试技术的是_____。

A．强行排错法　　B．集成测试法　　　C．回溯法　　　　D．原因排除法

答案：B

四、数据库设计基础

【例 1】下列叙述中不属于数据库系统的特点的是_____。

A．数据共享 　　　　　　　　　　　B．数据完整性

C．数据冗余度高 　　　　　　　　　D．数据独立性高

答案：C

解析：数据库系统的特点是高共享、低冗余、独立性高、具有完整性等。

【例 2】数据库设计过程不包括_____。

A．概念设计 　　B．逻辑设计 　　　　C．物理设计 　　　D．算法设计

答案：D

解析：数据库设计过程主要包括需求分析、概念结构设计、逻辑结构分析、数据库物理设计、数据库实施、数据库运行和维护阶段。

【例 3】数据库管理技术的发展经历了人工管理阶段、文件系统阶段和数据库系统阶段。在这几个阶段中，数据独立性最高的是_____阶段。

A．数据库系统 　　B．文件系统 　　　C．人工管理 　　　D．数据项管理

答案：A

解析：在人工管理阶段，数据无法共享，冗余度大，不独立，完全依赖于程序。在文件系统阶段，数据共享性差，冗余度大，独立性也较差。

【例 4】在数据库系统中，当总体逻辑结构改变时，通过改变_____，局部逻辑结构保持不变，从而使建立在局部逻辑结构之上的应用程序也保持不变，称为数据和程序的逻辑独立性。

A．应用程序 　　　　　　　　　　　B．逻辑结构和物理结构之间的映射

C．存储结构 　　　　　　　　　　　D．局部逻辑结构到总体逻辑结构的映射

答案：D

解析：模式描述的是数据的全局逻辑结构，外模式描述的是数据的局部逻辑结构。当模式改变时，由数据库管理员对外模式/模式映射做相应改变，可以使外模式保持不变。应用程序是依据数据的外模式编写的，从而应用程序也不必改变，保证了数据与程序的逻辑独立性，即数据的逻辑独立性。

【例 5】数据库系统依靠_____支持数据的独立性。

A．具有封装机制 　　　　　　　　　B．定义完整性约束条件

C．模式分级，各级模式之间的映射 　D．DDL 语言和 DML 语言互相独立

答案：C

解析：数据库的 3 级模式结构是指数据库系统由外模式、模式和内模式 3 级构成。数据库管理系统在这 3 级模式之间提供了两层映射：外模式/模式映射，模式/内模式映射。这两层映射保证了数据库系统中的数据能够具有较高的逻辑独立性和物理独立性。

【例 6】数据库系统的核心是_____。

A．数据模型 　　B．数据库管理系统 　　C．软件工具 　　　D．数据库

答案：B

解析：数据库管理系统是数据库系统的核心，上层与用户打交道，底层与操作系统接口。

需要注意数据库系统与数据库管理系统的区别。数据库系统指的是一整套业务系统，包括用户、应用程序、数据库管理系统及操作系统的支持。

【例7】下列叙述中正确的是_____。

A．数据库是一个独立的系统，不需要操作系统的支持

B．数据库设计是指设计数据库管理系统

C．数据库技术的根本目标是解决数据共享的问题

D．在数据库系统中，数据的物理结构必须与逻辑结构一致

答案：C

解析：数据库管理系统不是人人都可以设计的。另外，数据库具有物理独立性和逻辑独立性。

【例8】下述关于数据库系统的叙述，正确的是_____。

A．数据库系统减少了数据冗余

B．数据库系统避免了一切冗余

C．数据库系统中数据的一致性是指数据类型的一致

D．数据库系统比文件系统管理的数据多

答案：A

解析：选项B错误，关系规范化理论的主要目的之一是减少数据的冗余，说明数据库系统还存在一定的冗余。

选项C错误，数据完整性约束是指一组完整性规则的集合，不一定是数据类型的一致性。

选项D错误，数据库系统存放多少数据主要看硬盘空间和一些相关的设置，比如在数据库系统中设置某个用户的空间最大为多少。

【例9】在数据库概念设计过程中，视图设计一般有3种设计次序，以下各项中不正确的是_____。

A．自顶向下   B．由底向上   C．由内向外   D．由整体到局部

答案：D

解析：通常有如下几种方法。

（1）自顶向下：先全局框架，然后逐步细化。

（2）自底向上：先局部概念结构，再集成为全局结构。

（3）由里向外：先核心结构，再向外扩张。

（4）混合策略：自顶向下与自底向上相结合，先自顶向下设计一个概念结构的框架，再自底向上为框架设计局部概念结构。

【例10】下列有关数据库的描述，正确的是_____。

A．数据库是一个DBF文件   B．数据库是一个关系

C．数据库是一个结构化的数据集合   D．数据库是一组文件

答案：C

解析：Access数据库的文件是mdb格式的。数据库中可能有很多个二维表，一个二维表就是一个关系。虽然有些数据库底层是一些文件组成的，但是从逻辑结构上来说它与文件完全是两个概念，数据库管理比文件管理更容易、效率更高、安全性更强。

【例 11】在数据管理技术发展过程中，文件系统与数据库系统的主要区别是数据库系统具有_____。

A．数据无冗余 B．数据可共享 C．专门的数据管理软件 D．特定的数据模型

答案：D

解析：文件根据一些压缩技术也可减少冗余，数据库也有冗余，只是比文件少；文件也可以共享，只是比数据库共享性能差；也有专门的文件管理软件。

数据库发展的模型依次是层次模型、网状模型、关系模型、面向对象模型，其中关系模型是目前应用最广泛的。

【例 12】分布式数据库系统不具有的特点是_____。

A．分布式   B．数据冗余
C．数据分布性和逻辑整体性   D．位置透明性和复制透明性

答案：B

解析：分布式数据库的优点就是减少了冗余。

【例 13】用树形结构表示实体之间联系的模型称为_____。

A．关系模型   B．层次模型
C．网状模型   D．数据模型

答案：B

解析：满足下面两个条件的基本层次联系的集合为层次模型。

（1）有且只有一个节点没有双亲节点，这个节点称为根节点。

（2）根以外的其他节点有且仅有一个双亲节点。

层次模型的特点包括以下几点。

（1）节点的双亲是唯一的。

（2）只能直接处理一对多的实体联系。

（3）每个记录类型定义一个排序字段，也称为码字段。

（4）任何记录值只有按其路径查看时，才能显出它的全部意义。

（5）没有一个子女记录值能够脱离双亲记录值而独立存在。

【例 14】在下列模式中，能够给出数据库物理存储结构与物理存取方法的是_____。

A．内模式   B．外模式   C．概念模式   D．逻辑模式

答案：A

解析：通过前面的题目可知，数据库的物理结构最低层，即对应内模式，对应的模式映像为内模式/模式（概念模式映像），逻辑独立性则对应模式/外模式映像。

【例 15】在关系数据库中，用来表示实体之间联系的是_____。

A．树结构   B．网结构   C．线性表   D．二维表

答案：D

解析：关系数据库中的关系用二维表表示，选项 A 为层次数据模型，选项 B 为网状数据模型。数据库模型分为层次模型、网状模型、关系模型、面向对象模型。

【例 16】索引属于_____。

A．模式   B．内模式   C．外模式   D．概念模式

答案： B

解析： 索引的写入修改了数据库的物理结构，而不是简单的逻辑设计。内模式规定了数据在存储介质上的物理组织方式、记录寻址方式。

【例17】单个用户使用的数据视图的描述称为_____。

　A．外模式　　　　B．概念模式　　　　C．内模式　　　　D．存储模式

答案： A

解析： 外模式、模式（概念模式）、内模式（存储模式），分别是视图级、概念级、物理级。视图级就是用户使用的数据视图级，主要是局部逻辑结构，因为模式上很多个外模式。外模式到模式的映射定义了局部数据逻辑结构与全局逻辑结构之间的对应关系，表现了数据的逻辑独立性。模式到内模式则表现了数据的物理独立性。

【例18】在下列说法中，不属于数据模型所描述的内容的是_____。

　A．数据结构　　　B．数据操作　　　C．数据查询　　　D．数据完整性约束

答案： C

解析： 数据模型的3个要素是数据结构、数据操作和数据完整性约束。

【例19】若实体A和B是一对多的联系，实体B和C是一对一的联系，则实体A和C的联系是_____。

　A．一对一　　　　B．一对多　　　　C．多对一　　　　D．多对多

答案： B

解析： A和B为一对多的联系，则对于A中的每个实体，B中有多个实体与之联系，而B与C为一对一联系，则对于B中的每个实体，C中至多有一个实体与之联系，则可推出对于A中的每个实体，C中有多个实体与之联系，所以为一对多联系。

【例20】公司中有多个部门和多名职员，每个职员只能属于一个部门，一个部门可以有多名职员。则实体部门和职员之间的联系是_____。

　A．1∶1联系　　B．m∶1联系　　　　C．1∶m联系　　　　D．m∶n联系

答案： C

解析： 两个实体集之间的联系实际上是实体集之间的函数关系，主要有一对一联系（1∶1）、一对多联系（1∶m）、多对一联系（m∶1）、多对多联系（m∶n）。对于每个实体部门，都有多名职员，则其对应的联系为一对多联系（1∶m）。

【例21】有表示公司、职员及工作的3张表，职员可在多家公司兼职。其中，公司C（公司号，公司名，地址，注册资本，法人代表，员工数），职员S（职员号，姓名，性别，年龄，学历），工作W（公司号，职员号，工资），则表W的键（码）为_____。

　A．公司号，职员号　　　　　　　　B．职员号，工资

　C．职员号　　　　　　　　　　　　D．公司号，职员号，工资

答案： A

解析： 由于职员可以在多家公司兼职，所以表W的键（码）应为公司关系和职员关系的主码，即公司号和职员号。

【例22】在关系模型中，每个二维表称为一个_____。

　A．关系　　　　B．属性　　　　C．元组　　　　D．主码（键）

答案： A

解析： 关系模型用二维表来表示，即每个二维表称为一个关系。

【例 23】在关系数据库中，用来表示实体之间联系的是_____。

A．属性　　　　B．二维表　　　　C．网状结构　　　D．树状结构

答案： B

解析： 关系模型实体间的联系采用二维表来表示，简称表。选项 C 为网状模型实体之间的联系，选项 A 为层次模型实体之间的联系，选项 A 刻画了实体。

【例 24】有 3 个关系 R、S 和 T，具体如下。

	R				S				T		
A	B	C		A	B	C		A	B	C	
a	1	2		d	3	2		a	1	2	
b	2	1		c	3	1		b	2	1	
c	3	1						c	3	1	
								d	3	2	

则由关系 R 和 S 得到关系 T 的操作是_____。

A．选择　　　　B．投影　　　　C．交　　　　D．并

答案： D

解析： 关系 T 中的元素是与关系 R 和 S 中不同元素的总和，因此为并操作。

【例 25】有 3 个关系 R、S 和 T，具体如下。

	R				S				T		
A	B	C		A	B	C		A	B	C	
a	1	2		d	3	2		a	1	2	
b	2	1		c	3	1		b	2	1	
c	3	1									

则由关系 R 和 S 得到关系 T 的操作是_____。

A．选择　　　　B．差　　　　C．交　　　　D．并

答案： B

解析： 关系 T 是关系 R 的一部分，并且是关系 R 去掉了关系 R 和 S 相同的元素，符合差操作。

【例 26】有 3 个关系 R、S 和 T，具体如下。

	R				S				T			
A	B	C		A	D			A	B	C	D	
a	1	2		c	4			c	3	1	4	
b	2	1		a	5			a	1	2	5	
c	3	1										

则由关系 R 和 S 得到关系 T 的操作是_____。

A．自然连接　　　B．交　　　　C．投影　　　　D．并

答案： A

解析： 关系 R 和 S 有公共域，关系 T 是通过公共域的等值进行连接的结果，符合自然连接。

【例 27】在一般情况下，当对关系 R 和 S 进行自然连接时，要求关系 R 和 S 含有一个或

多个共有的_____。

A．记录　　　　　　B．行　　　　　　C．属性　　　　　　D．元组

答案：C

解析：自然连接是一种特殊的等值连接，需要满足如下几个条件：①两个关系之间有公共域；②通过公共域的等值进行连接。

【例 28】将 E-R 图转换为关系模式时，实体与联系都可以表示成_____。

A．属性　　　　　　B．关系　　　　　　C．键　　　　　　D．域

答案：B

解析：E-R 图由实体、实体的属性和实体之间的联系 3 个要素组成，关系模型的逻辑结构是一组关系模式的集合，将 E-R 图转换为关系模型：可将实体、实体之间的联系转化为关系。

【例 29】关系表中的每个横行称为一个_____。

A．元组　　　　　　B．字段　　　　　　C．属性　　　　　　D．码

答案：A

解析：字段：列，属性名。

属性：实体的某个特性，如学生表中的学号、姓名等。

码（主健）：元组（实体）的唯一标识，如学生有同名的，但学号是唯一的。

【例 30】关系数据库管理系统能实现的专门关系运算包括_____。

A．排序、索引、统计　　　　　　　　B．选择、投影、连接

C．关联、更新、排序　　　　　　　　D．显示、打印、制表

答案：B

解析：此题是数据库的基本概念，如果读者完全没学过数据库，可以对照办公软件的电子表格做如下理解。

选择：根据某个条件选择出一行或多行元组（一个元组即为二维表中的一行）。

投影：按字段（也称属性，如学生关系（学号，姓名，出生年月，性别）、学号、姓名等都是属性）选取一列或多列（一个二维表中所有元组在某一列或几列上截取出来）。

连接：2 个或 2 个以上的表连接组成一张新的表，通常有条件连接。例如，学生关系（学号，姓名，系号）和系表（系号，系名，主任），这 2 张表可以合并为 1 张这样的表（学号，姓名，系号，系名，主任）。

【例 31】按条件 f 对关系 R 进行选择，其关系代数表达式为_____。

A．R|X|R　　　　　　B．R|X|Rf　　　　　C．$\sigma f(R)$　　　　　D．$\prod f(R)$

答案：C

解析：选项 C 是选择一行，选项 D 是投影一列，二者要区分开。

【例 32】SQL 语言又称为_____。

A．结构化定义语言　　　　　　　　B．结构化控制语言

C．结构化查询语言　　　　　　　　D．结构化操纵语言

答案：C

解析：Structured Query Language，结构化查询语言（语句）。

计算机基础知识

【例1】世界上公认的第一台电子计算机诞生于_____。

A．20 世纪 30 年代　　　　　　　　B．20 世纪 40 年代

C．20 世纪 80 年代　　　　　　　　D．20 世纪 90 年代

答案：B

解析：世界上第一台现代电子计算机"电子数字积分计算机"（ENIAC）诞生于 1946 年 2 月 14 日的美国宾夕法尼亚大学，至今仍被人们公认。

【例2】下列不属于计算机人工智能应用领域的是_____。

A．在线订票　　　B．医疗诊断　　　C．智能机器人　　　D．机器翻译

答案：A

解析：人工智能是计算机科学发展以来一直处于前沿的研究领域，其主要研究内容包括自然语言理解、专家系统、机器人及定理自动证明等。目前，人工智能已应用于机器人、医疗诊断、故障诊断、计算机辅助教育、案件侦破、经营管理等诸多方面。在线订票属于电子商务领域。

【例3】消费者与消费者之间通过第三方电子商务平台进行交易的电子商务模式是_____。

A．C2C　　　　B．O2O　　　　C．B2B　　　　D．B2C

答案：A

解析：按照不同的标准，电子商务可以划分为不同的类型。目前，比较流行的标准是按照参加主体将电子商务进行分类，如企业间的电子商务（Business-to-Business，B2B）、企业与消费者之间的电子商务（Business-to-Customer，B2C）、消费者与消费者之间的电子商务（Customer-to-Customer，C2C）、线上与线下结合的电子商务（Online-to-Offline，O2O）、代理商、商家和消费者三者之间的电子商务（Agents-Business-to-Customer，ABC）。

【例4】在计算机中，组成一个字节的二进制位位数是_____。

A．1　　　　　B．2　　　　　C．4　　　　　D．8

答案：D

解析：在计算机存储器中，组成一个字节的二进制位位数是 8。故选项 D 正确。

【例5】将十进制数 35 转换成二进制数是_____。

A．100011B　　　B．100111B　　　C．111001B　　　D．110001B

答案：A

解析：十进制整数转换为二进制整数采用"除 2 取余，逆序排列"法。具体做法如下：用 2 整除十进制整数，可以得到一个商和余数；再用 2 去除商，又会得到一个商和余数，如此进行，直到商为 0 为止，然后把先得到的余数作为二进制数的低位有效位，后得到的余数作为二进制数的高位有效位，依次排列起来。

【例6】 已知英文字母 m 的 ASCII 码值是 109，那么英文字母 j 的 ASCII 码值是_____。

A. 111　　　　　B. 105　　　　　C. 106　　　　　D. 112

答案： C

解析： 英文字母 m 的 ASCII 码值是 109，j 比 m 小 3，所以 j 的 ASCII 码值是 109−3=106。

【例7】 在计算机中，西文字符所采用的编码是_____。

A. EBCDIC 码　　B. ASCII 码　　　C. 国标码　　　　D. BCD 码

答案： B

解析： 西文字符所采用的编码是 ASCII 码。

【例8】 计算机对汉字信息的处理过程实际上是各种汉字编码间的转换过程，这些编码主要包括_____。

A. 汉字外码、汉字内码、汉字输出码等

B. 汉字输入码、汉字区位码、汉字国标码、汉字输出码等

C. 汉字外码、汉字内码、汉字国标码、汉字输出码等

D. 汉字输入码、汉字内码、汉字地址码、汉字字形码等

答案： D

解析： 从汉字编码的角度来看，计算机对汉字信息的处理过程实际上是各种汉字编码间的转换过程。这些编码主要包括汉字输入码、汉字内码、汉字地址码、汉字字形码。

【例9】 计算机中组织和存储信息的基本单位是_____。

A. 字长　　　　　B. 字节　　　　　C. 位　　　　　D. 编码

答案： B

解析： 字节是信息组织和存储的基本单位，也是计算机体系结构的基本单位。一个字节由 8 位二进制数字组成。

【例10】 某台计算机安装的是 64 位操作系统，"64 位"指的是_____。

A. CPU 的运算速度，即 CPU 每秒能计算 64 位二进制数据

B. CPU 的字长，即 CPU 每次能处理 64 位二进制数据

C. CPU 的时钟主频

D. CPU 的型号

答案： B

解析： 通常将计算机一次能够并行处理的二进制数称为字节，也称为计算机的一个"字"。字长是计算机的一个重要指标，直接反映一台计算机的计算能力和精度。计算机的字长通常是字节的整数倍，如 8 位、16 位、32 位、64 位等。

【例11】 20GB 的硬盘表示容量约为_____。

A. 20 亿字节　　　　　　　　　B. 20 亿个二进制位

C. 200 亿字节　　　　　　　　D. 200 亿个二进制位

答案： C

解析： 根据换算公式 1GB=1000MB=1000×1000KB=1000×1000×1000B，20GB=$2×10^{10}$B。需要注意的是，硬盘厂商通常以 1000 进位计算：1KB=1000Byte、1MB=1000KB、1GB=1000MB、1TB=1000GB。在操作系统中：1KB=1024Byte、1MB=1024KB、1GB=1024MB、1TB=1024GB。

【例 12】小明的手机还剩余 6GB 存储空间，如果每个视频文件为 280MB，他可以下载到手机中的视频量为_____。

    A．60　　　　　　　B．21　　　　　　　C．15　　　　　　　D．32

答案：B

解析：6GB=6×1024MB，6×1024MB/280MB≈21.9。

【例 13】度量计算机运算速度常用的单位是_____。

    A．MIPS　　　　　　B．MHz　　　　　　C．MB/s　　　　　　D．Mbps

答案：A

解析：运算速度指的是计算机每秒所能执行的指令条数，单位为 MIPS（百万条指令/秒）。故选项 A 正确。

【例 14】下列有关计算机系统的叙述中，错误的是_____。

    A．计算机系统由硬件系统和软件系统组成

    B．计算机软件由各类应用软件组成

    C．CPU 主要由运算器和控制器组成

    D．计算机主要由 CPU 和内存储器组成

答案：B

解析：计算机软件分为系统软件和应用软件两大类。

【例 15】计算机中控制器的功能主要是_____。

    A．指挥、协调计算机各相关硬件工作

    B．指挥、协调计算机各相关软件工作

    C．指挥、协调计算机各相关硬件和软件工作

    D．控制数据的输入和输出

答案：A

解析：计算机中控制器的作用是指挥、协调计算机各相关硬件工作。它可以从存储器中取出指令并加以解释（译码），产生相应的控制信号，使各硬件有条不紊地工作。

【例 16】一个完整的计算机系统应当包括_____。

    A．计算机与外设　　　　　　　　B．硬件系统与软件系统

    C．主机、键盘与显示器　　　　　D．系统硬件与系统软件

答案：B

解析：计算机系统由计算机硬件系统和软件系统两部分组成。硬件包括中央处理器、存储器和外部设备等；软件是计算机的运行程序和相应的文档。

【例 17】在下列存储器中，访问周期最短的是_____。

    A．硬盘存储器　　　B．外存储器　　　C．内存储器　　　D．软盘存储器

答案：C

解析：因为内存储器与 CPU 直接交换数据，属于计算机内的缓冲存储器，计算机所处理的二进制数据都要先经过内存储器才能到达 CPU。所以，访问周期最短的为内存储器。

【例 18】在控制器的控制下，接收数据并完成程序指令指定的基于二进制数的算术运算或逻辑运算的部件是_____。

    A．鼠标　　　　　　B．运算器　　　　　C．显示器　　　　　D．存储器

答案：B

解析：运算器是计算机中执行各种算术和逻辑运算操作的部件。运算器的基本操作包括加、减、乘、除四则运算，与、或、非、异或等逻辑操作，以及移位、比较和传送等操作，亦称算术逻辑单元（ALU）。

【例19】在下列设备组中，完全属于计算机输出设备的一组是_____。

A．喷墨打印机，显示器，键盘　　　　B．激光打印机，键盘，鼠标

C．键盘，鼠标，扫描仪　　　　D．打印机，绘图仪，显示器

答案：D

解析：本题可采用排除法，选项 A、B、C 中都有键盘，而键盘是计算机输入设备，故可排除选项 A、B、C。

【例20】在下列设备组中，完全属于输入设备的一组是_____。

A．CD-ROM 驱动器，键盘，显示器　　B．绘图仪，键盘，鼠标

C．键盘，鼠标，扫描仪　　　　D．打印机，硬盘，条码阅读器

答案：C

解析：选项 A 中的显示器是输出设备，选项 B 中的绘图仪是输出设备，选项 D 中的打印机是输出设备。

【例21】计算机的指令系统能实现的运算有_____。

A．数值运算和非数值运算　　　　B．算术运算和逻辑运算

C．图形运算和数值运算　　　　D．算术运算和图像运算

答案：B

解析：不同计算机的指令系统包含的指令种类和数目是不同的，但一般均能够实现的运算有算术运算、逻辑运算、数据传送、判定和控制、移位操作等。

【例22】现代计算机普遍采用总线结构，包括数据总线、地址总线、控制总线，通常与数据总线位数对应相同部件的是_____。

A．CPU　　　　B．存储器　　　　C．地址总线　　　　D．控制总线

答案：A

解析：数据总线用于传送数据信息。数据总线是双向三态形态的总线，即它既可以把 CPU 的数据传送到存储器或输入/输出接口等其他部件，也可以将其他部件的数据传送到 CPU。数据总线的位数是微型计算机的一个重要指标，通常与微处理的字长一致。例如，Intel 8086 微处理器字长是 16 位，其数据总线宽度也是 16 位。

【例23】在 Windows 7 操作系统中，磁盘维护包括硬盘检查、磁盘清理和碎片整理等功能，碎片整理的目的是_____。

A．删除磁盘小文件　　　　B．获得更多磁盘可用空间

C．优化磁盘文件存储　　　　D．改善磁盘的清洁度

答案：C

解析：磁盘碎片整理，就是通过系统软件或专业的磁盘碎片整理软件对电脑磁盘在长期使用过程中产生的碎片和凌乱文件重新整理，可提高电脑的整体性能和运行速度。

【例24】在 Windows 7 操作系统中，磁盘维护包括硬盘检查、磁盘清理和碎片整理等功能，

磁盘清理的目的是_____。

A．提高磁盘存取速度　　　　　　B．获得更多磁盘可用空间

C．优化磁盘文件存储　　　　　　D．改善磁盘的清洁度

答案： B

解析： 磁盘清理的目的是清理磁盘中的垃圾文件，释放磁盘空间。

【例 25】 USB 3.0 接口的理论最快传输速率为_____。

A．5.0Gbps　　　　B．3.0Gbps　　　　C．1.0Gbps　　　　D．800Mbps

答案： A

解析： USB 3.0 是一种 USB 规范，该规范由英特尔等公司发起，最大传输带宽高达 5.0Gbps（625Mbps）。

【例 26】 计算机操作系统的主要功能是_____。

A．管理计算机系统的软件和硬件资源，以充分发挥计算机资源的效率，并为其他软件提供良好的运行环境

B．把高级程序设计语言和汇编语言编写的程序翻译成计算机硬件可以直接执行的目标程序，为用户提供良好的软件开发环境

C．对各类计算机文件进行有效的管理，并提交给计算机硬件高效处理

D．为用户操作和使用计算机提供方便

答案： A

解析： 作为计算机系统的资源的管理者，操作系统的主要功能是对系统所有的软件资源与硬件资源进行合理而有效的管理和调度，提高计算机系统的整体性能。故选项 A 正确。

【例 27】 在下列软件中，属于系统软件的是_____。

A．航天信息系统　　　　　　　　B．Office 2003

C．Windows Vista　　　　　　　　D．决策支持系统

答案： C

解析： 系统软件是指控制和协调计算机及外部设备，支持应用软件开发和运行的系统，是无须用户干预的各种程序的集合，主要功能是调度、监控和维护计算机系统，负责管理计算机系统中各种独立的硬件，使它们可以协调工作。选项 A、B、D 都是应用软件，只有 Windows Vista 是系统软件。

【例 28】 编译程序的最终目标是_____。

A．发现源程序中的语法错误　　　B．改正源程序中的语法错误

C．将源程序编译成目标程序　　　D．将某高级语言程序翻译成另一个高级语言程序

答案： C

解析： 编译程序的基本功能及最终目标是把源程序（高级语言）编译成目标程序。

【例 29】 下列各类计算机程序语言中，不是高级程序设计语言的是_____。

A．Visual Basic　　B．Fortran　　　C．Pascal 语言　　　D．汇编语言

答案： D

解析： 高级语言并不是特指某种具体的语言，而是包括很多种编程语言，如目前流行的 Java、C、C++、Visual Basic、Fortran、C#、Pascal、Python、Lisp、Prolog、FoxPro、VC 和易

语言等，这些语言的语法、命令格式都不相同。

【例 30】全高清视频的分辨率为 1920 像素×1080 像素，一张真彩色像素的 1920 像素×1080 像素数字格式的图像所需的存储空间是_____。

A．1.98MB　　　B．2.96MB　　　C．5.93MB　　　D．7.91MB

答案：C

解析：在不压缩的情况下，一个像素需要占用 24bit（位）存储，因为一个字节为 8bit，故每像素占用 3Byte。那么 1920×1080 个像素就会占用 1920×1080×（24/8）Byte=6 220 800Byte=6075KB≈5.93MB。

【例 31】若对音频信号以 10kHz 采样率、16 位量化精度进行数字化，则每分钟的双声道数字化声音信号产生的数据量约为_____。

A．1.2MB　　　B．1.6MB　　　C．2.4MB　　　D．4.8MB

答案：C

解析：声音的计算公式为（采样频率 Hz×量化位数 bit×声道数）/8，单位为字节/秒，（10000Hz×16 位×2 声道）/8×60 秒即 24 000 000 字节，再除以 2 个 1024，即 2.28MB，从本题答案选项来看，如果简化将 1K 按 1000 计算即可得到 2.4MB。

【例 32】数字媒体已经广泛使用，下列属于视频文件格式的是_____。

A．MP3 格式　　B．WAV 格式　　C．RM 格式　　　D．PNG 格式

答案：C

解析：WAV、MP3 格式是音频文件，PNG 格式是图像文件，RM 格式是 RealNetworks 公司开发的一种流媒体视频文件，可以根据网络数据传输的不同速率制定不同的压缩比率，从而以低速率在 Internet 上进行视频文件的实时传送和播放。

【例 33】在声音的数字化过程中，采样时间、采样频率、量化位数和声道数都相同时，所占存储空间最大的声音文件格式是_____。

A．WAV 波形文件　　　　　B．MPEG 音频文件

C．RealAudio 音频文件　　　D．MIDI 电子乐器数字接口文件

答案：A

解析：WAV 是微软公司开发的一种声音文件格式，符合 RIFF（Resource Interchange File Format）文件规范，用于保存 Windows 平台的音频信息资源，被 Windows 平台及其应用程序广泛支持，该格式也支持 MSADPCM、CCITTALAW 等多种压缩运算法，支持多种音频数字、取样频率和声道。WAV 是最接近无损的音乐格式，所以文件大小相对来说比较大。

【例 34】造成计算机中存储数据丢失的原因主要是_____。

A．病毒侵蚀、人为窃取　　　B．计算机电磁辐射

C．计算机存储器硬件损坏　　D．以上全部都是

答案：D

解析：造成计算机中存储数据丢失的原因主要包括病毒入侵、人为窃取、计算机电磁辐射、计算机存储器硬件损坏等。

【例 35】计算机安全是指计算机资产安全，即_____。

A．计算机信息系统资源不受自然有害因素的威胁和危害

B．信息资源不受自然与人为有害因素的威胁和危害

C．计算机硬件系统不受人为有害因素的威胁和危害

D．计算机信息系统资源和信息资源不受自然与人为有害因素的威胁和危害

答案：D

解析：我国公安部计算机管理监察司给出的定义是，计算机安全是指计算机资产安全，即计算机信息系统资源和信息资源不受自然与人为有害因素的威胁和危害。

【例36】计算机病毒是指"能够侵入计算机系统并在计算机系统中潜伏、传播，破坏系统正常工作的一种具有繁殖能力的_____"。

A．特殊程序　　　B．源程序　　　C．特殊微生物　　　D．流行性感冒病毒

答案：A

解析：计算机病毒是指能够侵入计算机系统并在计算机系统中潜伏、传播，破坏系统正常工作的一种具有繁殖能力的特殊程序。

【例37】下列不是预防计算机病毒的方法是_____。

A．及时更新系统补丁　　　　　B．定期升级杀毒软件

C．开启 Windows 7 防火墙　　　D．清理磁盘碎片

答案：D

解析：磁盘碎片整理，就是通过系统软件或专业的磁盘碎片整理软件对计算机磁盘在长期使用过程中产生的碎片和凌乱文件进行重新整理，从而提高计算机的整体性能和运行速度。清理磁盘碎片和预防计算机病毒无关。

【例38】先于或随着操作系统的系统文件装入内存储器，从而获得计算机特定控制权并进行传染和破坏的病毒是_____。

A．文件型病毒　　　　　B．引导型病毒

C．宏病毒　　　　　　　D．网络病毒

答案：B

解析：引导型病毒是指寄生在磁盘引导区或主引导区的计算机病毒。此种病毒利用系统引导时不对主引导区的内容正确与否进行判别的缺点，在引导系统的过程中侵入系统、驻留内存、监视系统运行、待机传染和破坏。

【例39】下列不属于计算机网络的主要功能的是_____。

A．专家系统　　　B．数据通信　　　C．分布式信息处理　　　D．资源共享

答案：A

解析：计算机网络的主要功能有数据通信、资源共享及分布式信息处理等；而专家系统是一个智能计算机程序系统，应用人工智能技术和计算机技术，根据某领域一个或多个专家提供的知识和经验进行推理与判断，模拟人类专家的决策过程，以便解决那些需要人类专家处理的复杂问题，因此，不属于计算机网络的主要功能。

【例40】某企业为了构建网络办公环境，每位员工使用的计算机应当配备的设备是_____。

A．网卡　　　B．摄像头　　　C．无线鼠标　　　D．双显示器

答案：A

解析：计算机与外界局域网的连接是在主机箱内插入一块网络接口板（或者在笔记本电脑中插入一块 PCMCIA 卡）。网络接口板又称为通信适配器或网络适配器（Network Adapter）或

网络接口卡（Network Interface Card，NIC），但是人们愿意使用更加简单的名称"网卡"。

【例 41】 在 Internet 中实现信息浏览查询服务的是_____。

A．DNS   B．FTP   C．WWW   D．ADSL

答案：C

解析：WWW 是一种建立在 Internet 上的全球性的、交互的、动态的、多平台的、分布式的、超文本和超媒体信息查询系统，也是建立在 Internet 上的一种网络服务。

【例 42】 在 Internet 中完成从域名到 IP 地址或从 IP 地址到域名转换服务的是_____。

A．DNS   B．FTP   C．WWW   D．ADSL

答案：A

解析：DNS 是计算机域名系统（Domain Name System）或域名解析服务（Domain Name Service）的缩写，它是由域名服务器及解析器组成的。域名服务器是指保存了该网络中所有主机的域名和对应 IP 地址，并将域名转换为 IP 地址功能的服务器；解析器则具有相反的功能。因此，在 Internet 中完成从域名到 IP 地址或从 IP 地址到域名转换服务的是 DNS。

【例 43】 _____拓扑结构是将网络的各个节点通过中继器连接成一个闭合环路。

A．星形   B．树形   C．总线型   D．环形

答案：D

解析：环形拓扑结构使用中继器组成一个封闭的环，各节点直接连到环上，信息沿着环按一定的方向从一个节点传送到另一个节点。

【例 44】 某家庭采用 ADSL 宽带接入方式连接 Internet，ADSL 调制解调器连接一个无线路由器，家中的计算机、手机、电视机、PAD 等设备均可通过 Wi-Fi 实现无线上网，该网络拓扑结构是_____。

A．环形拓扑   B．总线型拓扑   C．网状拓扑   D．星形拓扑

答案：D

解析：常见的网络拓扑结构主要有星形、环形、总线型、树形和网状等。在星形拓扑结构中，每个节点与中心节点连接，中心节点控制全网的通信，任意两个节点之间的通信都要经过中心节点。

【例 45】 关于电子邮件，下列说法错误的是_____。

A．必须知道收件人的 E-mail 地址   B．发件人必须有自己的 E-mail 账户

C．收件人必须有自己的邮政编码   D．可以使用 Outlook 管理联系人信息

答案：C

解析：在电子邮件的收发过程中，必须要有收件人的 E-mail 地址，发件人也必须要有自己的 E-mail 账户，除此之外，用户还可以使用 Outlook 管理联系人信息，但自己的邮政编码并不是必须存在的。

习题解析三

Microsoft Office 高级应用

一、Word 的功能和使用

【例1】在 Word 文档编辑过程中，如果需要将特定的计算机应用程序窗口画面作为文档的插图，最优的操作方法是_____。

A．使所需画面窗口处于活动状态，按下 PrintScreen 键，再粘贴到 Word 文档的指定位置

B．使所需画面窗口处于活动状态，按下组合键 Alt+PrintScreen，再粘贴到 Word 文档的指定位置

C．利用 Word 插入"屏幕截图"，直接将所需窗口画面插入 Word 文档的指定位置

D．在计算机系统中安装截屏工具软件，利用该软件实现屏幕画面的截取

答案：C

解析：Word 提供了"屏幕截图"功能，可以直接将所需窗口画面插入 Word 文档的指定位置，具体的操作方法如下：在"插入"选项卡的"插图"选项组中单击"屏幕截图"下拉按钮，选择"屏幕剪辑"选项后，即可将截取的图片插入文档的指定位置。

【例2】在 Word 文档中，学生"张小民"的名字被多次错误地输入为"张晓明""张晓敏""张晓民""张晓名"，纠正该错误最优的操作方法是_____。

A．从前往后逐个查找错误的名字，并更正

B．利用 Word "查找"功能搜索文本"张晓"，并逐一更正

C．利用 Word "查找和替换"功能搜索文本"张晓*"，并将其全部替换为"张小民"

D．利用 Word "查找和替换"功能搜索文本"张晓?"，并将其全部替换为"张小民"

答案：D

解析：Word 为用户提供了强大的"查找和替换"功能，可以帮助用户从烦琐的人工修改中解脱出来，从而可以高效率地工作。在进行替换时，通配符用来实现模糊搜索，其中"*"代替0个或多个字符，"？"代替一个字符，本题要将输错的"张晓明""张晓敏""张晓民"统改为"张小民"，应使用通配符"？"。

【例3】小王利用 Word 撰写专业学术论文时，需要在论文结尾处罗列出所有的参考文献或书目列表，最优的操作方法是_____。

A．直接在论文结尾处输入所参考文献的相关信息

B．把所有参考文献的信息保存在一个单独的表格中，然后复制到论文结尾处

C．利用 Word 中的"管理源"和"插入书目"功能，在论文结尾处插入参考文献或书目列表

D．利用 Word 中的"插入尾注"功能，在论文结尾处插入参考文献或书目列表

答案：D

解析：尾注一般用于在文档和书籍中显示引用资料的来源，或者用于输入说明性或补充性的信息。尾注位于文档的结尾处或指定的结尾。

【例4】小明需要将 Word 文档内容以稿纸格式输出，最优的操作方法是_____。

A．适当调整文档内容的字号，然后将其直接打印在稿纸上

B．利用 Word 中的"稿纸设置"功能即可

C．利用 Word 中的"表格"功能绘制稿纸，然后将文字内容复制到表格中

D．利用 Word 中的"文档网络"功能即可

答案：B

解析：Word 提供的"稿纸设置"功能用于设置文档以稿纸格式输出，具体的操作方法如下：单击"页面"选项卡中"稿纸"选项组的"稿纸设置"按钮，在弹出的"稿纸设置"对话框中选择稿纸类型，然后设置相应的参数，单击"确定"按钮。

【例5】小王需要在 Word 文档中将应用了"标题1"样式的所有段落格式调整为"段前、段后各12磅，单倍行距"，最优的操作方法是_____。

A．将每个段落逐一设置为"段前、段后各12磅，单倍行距"

B．将其中一个段落设置为"段前、段后各12磅，单倍行距"，然后利用"格式刷"功能将格式复制到其他段落

C．修改"标题1"样式，将其段落格式设置为"段前、段后各12磅，单倍行距"

D．利用"查找和替换"功能，将"样式：标题1"替换为"行距：单倍行距，段落间距段前：12磅，段后：12磅"

答案：C

解析：修改"标题1"样式后，文档中凡是使用了"标题1"样式的段落均做了修改。修改标题样式的具体操作方法如下：在"开始"选项卡的"样式"选项组中右击要修改的标题样式，在弹出的快捷菜单中选择"修改"命令，在打开的"修改样式"对话框中可以修改字体、段落格式。

【例6】如果希望为一个多页的 Word 文档添加页面图片背景，最优的操作方法是_____。

A．在每页中分别插入图片，并设置图片的环绕方式为衬于文字下方

B．利用水印功能，将图片设置为文档水印

C．利用页面填充效果功能，将图片设置为页面背景

D．选择"插入"选项卡中的"页面背景"命令，将图片设置为页面背景

答案：C

解析：用户可以通过页面颜色设置，为背景应用渐变、图案、图片、纯色或纹理等填充效果。为 Word 文档添加页面图片背景的具体操作步骤如下：单击"设计"选项卡中"页面背景"选项组的"页面颜色"下拉按钮，在弹出的下拉列表中选择"填充效果"选项，在打开的"填充效果"对话框中选择"图片"选项卡，选择需要设置为背景的图片，然后单击"确定"按钮。故正确答案为选项 C。

【例7】在 Word 中，不能作为文本转换为表格的分隔符是_____。

A．段落标记　　　　B．制表符　　　　C．@　　　　D．##

答案：D

　　解析： 在 Word 中，将文本转换为表格的分隔符有段落标记、逗号、空格、制表符和其他字符（单个字符），不能为两个字符的情况。

　　【例8】 将 Word 文档中的大写英文字母转换为小写，最优的操作方法是＿＿＿＿。

　　A．选择"开始"选项卡中"字体"选项组的"更改大小写"命令

　　B．选择"审阅"选项卡中"格式"选项组的"更改大小写"命令

　　C．选择"引用"选项卡中"格式"选项组的"更改大小写"命令

　　D．单击鼠标右键，在弹出的快捷菜单中选择"更改大小写"命令

　　答案： A

　　解析： "审阅"和"引用"选项卡中没有"格式"选项组，无法选择"更改大小写"命令；单击鼠标右键，弹出的快捷菜单中没有"更改大小写"命令。

　　【例9】 某 Word 文档中有一个 5 行×4 列的表格，如果要将另一个文本文件中的 5 行文字复制到该表格中，并且使其正好成为该表格一列的内容，最优的操作方法是＿＿＿＿。

　　A．在文本文件中选中这 5 行文字，将其复制到剪贴板；然后返回 Word 文档中，将光标置于指定列的第 1 个单元格中，将剪贴板内容粘贴过来

　　B．将文本文件中的这 5 行文字，一行一行地复制、粘贴到 Word 文档表格对应列的 5 个单元格中

　　C．在文本文件中选中这 5 行文字，将其复制到剪贴板，然后返回 Word 文档中，选中对应列的 5 个单元格，将剪贴板内容粘贴过来

　　D．在文本文件中选中这 5 行文字，将其复制到剪贴板，然后返回 Word 文档中，选中该表格，将剪贴板内容粘贴过来

　　答案： C

　　解析： 选项 A，执行该操作后，5 行文字都复制到了指定列的第 1 个单元格中；选项 B，一行一行复制操作比较烦琐；选项 D，执行该操作，表格中的 5 列均出现该 5 行文字。故正确答案为选项 C。

　　【例10】 张经理在对 Word 文档格式的工作报告进行修改时，希望在原始文档中显示其修改的内容和状态，最优的操作方法是＿＿＿＿。

　　A．利用"审阅"选项卡的批注功能，为文档中每处需要修改的地方添加批注，将自己的意见写在批注框中

　　B．利用"插入"选项卡的文本功能，为文档中每处需要修改的地方添加文档部件，将自己的意见写在文档部件中

　　C．利用"审阅"选项卡的修订功能，选择带"显示标记"的文档修订查看方式后按下"修订"按钮，然后在文档中直接修改内容

　　D．利用"插入"选项卡的修订标记功能，在文档中每处需要修改的地方插入修订符号，然后在文档中直接修改内容

　　答案： C

　　解析： 当用户在修订状态下修改文档时，Word 应用程序将跟踪文档中所有内容的变化情况，同时会把用户在当前文档中修改、删除、插入的每项内容标记下来。批注与修订不同，批注并不在原文的基础上进行修改，而是在文档页面的空白处添加相关的注释信息。

【例 11】小华利用 Word 编辑一份书稿，出版社要求目录和正文的页码分别采用不同的格式，并且均从第 1 页开始，最优的操作方法是_____。

A．将目录和正文分别保存在两个文档中，分别设置页码

B．在目录与正文之间插入分节符，在不同的节中设置不同的页码

C．在目录与正文之间插入分页符，在分页符前后设置不同的页码

D．在 Word 中不设置页码，将其转换为 PDF 格式时再增加页码

答案：B

解析：在文档中插入分节符，不仅可以将文档内容划分为不同的页面，还可以分别针对不同的节进行页面设置操作。插入的分节符，不仅将光标位置后面的内容分为新的一节，还会使该节从新的一页开始，实现了既分节又分页的目的。

【例 12】小明的毕业论文分别请两位老师进行了审阅。每位老师分别通过 Word 的修订功能对该论文进行了修改。现在，小明需要将两份经过修订的文档合并为一份，最优的操作方法是_____。

A．小明可以在一份修订较多的文档中，将另一份修订较少的文档修改内容手动对照补充进去

B．请一位老师在另一位老师修订后的文档中再进行一次修订

C．利用 Word 比较功能，将两位老师的修订合并到一个文档中

D．将修订较少的那部分舍弃，只保留修订较多的那份论文作为终稿

答案：C

解析：利用 Word 的合并功能，可以将多个作者的修订合并到一个文档中，具体的操作方法如下：单击"审阅"选项卡中"比较"选项组的"比较"下拉按钮，选择"合并"选项，在打开的"合并文档"对话框中选择要合并的文档后单击"确定"按钮。

【例 13】张编辑休假前正在审阅一部 Word 书稿，他希望回来上班时能够快速找到上次编辑的位置，在 Word 2010 中最优的操作方法是_____。

A．下次打开书稿时，直接通过滚动条找到该位置

B．记住一个关键词，下次打开书稿时，通过"查找"功能找到该关键词

C．记住当前页码，下次打开书稿时，通过"查找"功能定位页码

D．在当前位置插入一个书签，通过"查找"功能定位书签

答案：D

解析：在 Word 中，书签是用于定位的。例如，在编辑或阅读一篇较长的文档时，想在某一处或几处留下标记，以便以后查找、修改，便可以在该处插入一个书签（书签仅会显示在屏幕上，不会打印出来，就像 Word 的水印背景一样）。故选项 D 正确。

【例 14】在 Word 中编辑一篇文稿时，纵向选择一块文本区域最快捷的操作方法是_____。

A．按住 Ctrl 键，拖动鼠标选择所需的文本

B．按住 Alt 键，拖动鼠标选择所需的文本

C．按住 Shift 键，拖动鼠标选择所需的文本

D．按住组合键 Ctrl+Shift+F8，然后拖动鼠标选择所需的文本

答案：B

解析：在 Word 中选择垂直文本的方式如下：首先按住 Alt 键，将光标移至想要选择文本的开始字符，按住鼠标左键，然后拖动鼠标，直到要选择文本的结尾处，松开鼠标左键和 Alt 键。

【例 15】在 Word 中编辑一篇文档时，如果需要快速选取一个较长段落的文字区域，最快捷的操作方法是_____。

A．直接用鼠标拖动选择整个段落

B．在段首单击，按住 Shift 键再单击断尾

C．在段落的左侧空白处双击鼠标

D．在段首单击，按住 Shift 键再按 End 键

答案：C

解析：将鼠标光标移至某个段落的左侧，当光标变成一个指向右边的箭头时，双击鼠标左键即可选定该段落。

【例 16】小刘使用 Word 编写与互联网相关的文章时，文中频繁出现"@"符号，他希望能够输入"（A."后自动变为"@"，最优的操作方法是_____。

A．将"（A."定义为自动更正选项

B．先全部输入为"（A."，最后一次性替换为"@"

C．将"（A."定义为自动图文集

D．将"（A."定义为文档部件

答案：A

解析：自动更正是 Word 等文字处理软件的一项功能，可用"自动更正"功能自动检测并更正输入错误、误拼的单词、词法错误和错误的大小写。例如，如果输入"the"及空格，则"自动更正"会将输入内容替换为"the"。还可以使用"自动更正"快速插入文字、图形或符号。例如，可以通过输入"（e）"来插入"？"，或者通过输入"ac"来插入"AcmeCorporation"。

二、Excel 的功能和使用

【例 1】在 Excel 工作表多个不相邻的单元格中输入相同的数据，最优的操作方法是_____。

A．在其中一个位置输入数据，然后逐次将其复制到其他单元格

B．在输入区域最左上方的单元格中输入数据，双击填充句柄，将其填充到其他单元格

C．在其中一个位置输入数据，将其复制后，利用 Ctrl 键选择其他全部输入区域，再粘贴内容

D．同时选中所有不相邻的单元格，在活动单元格中输入数据，然后按组合键 Ctrl+Enter

答案：D

解析：若要在 Excel 工作表多个不相邻的单元格中输入相同的数据，最优的操作方法是同时选中这些不相邻的单元格，在活动单元格中输入数据，然后按组合键 Ctrl+Enter。

【例 2】Excel 工作表的 B 列保存了 11 位手机号码信息，为了保护个人隐私，需要将手机号码的后 4 位用"*"表示，以 B2 单元格为例，最优的操作方法是_____。

A．=REPLACE(B2,7,4,"****")　　　　B．=REPLACE(B2.8,4,"****")

C．=MID(B2,7,4,"****")　　　　　　D．=MID(B2,8,4,"****")

答案：B

解析： REPLACE 函数是用新字符串替换旧字符串，而且替换的位置和数量都是指定的，其格式为 REPLACE(old_text,start_num,num_chars,new_text)。其中，old_text 是要替换的字符串，start_num 是开始位置，num_chars 是替换个数，new_text 是新的文本。

【例3】 小李在 Excel 中整理职工档案，希望"性别"列只能在"男""女"这2个值中进行选择，否则系统提示错误信息，最优的操作方法是_____。

    A．通过 IF 函数进行判断，控制"性别"列的输入内容

    B．请同事帮忙进行检查，错误内容用红色标记

    C．设置条件格式，标记不符合要求的数据

    D．设置数据有效性，控制"性别"列的输入内容

答案： D

解析： 在 Excel 中，为了避免在输入数据时出现过多错误，可以通过在单元格中设置数据有效性进行相关的控制，从而保证数据输入的准确性，提高工作效率。数据有效性用于定义可以在单元格中输入或应该在单元格中输入的数据类型、范围、格式等。可以通过配置数据有效性防止输入无效数据，或者在录入无效数据时自动发出警告。

【例4】 小谢在 Excel 工作表中计算每个员工的工作年限，每满1年计1年工作年限，最优的操作方法是_____。

    A．根据员工的入职时间计算工作年限，然后手动录入工作表中

    B．直接用当前日期减去入职日期，然后除以365，并向下取整

    C．使用 TODAY 函数返回值减去入职日期，然后除以365，并向下取整

    D．使用 YEAR 函数和 TODAY 函数获取当前年份，然后减去入职年份

答案： C

解析： TODAY 函数用于返回当前的日期。使用 TODAY 函数返回值减去入职日期，然后除以365，并使用 INT 函数向下取整，即可得出员工的工作年限。需要注意的是"入职日期"列单元格格式应为常规格式。

【例5】 在 Excel 中，如果需要对 A1 单元格数值的小数部分进行四舍五入运算，最优的操作方法是_____。

    A．=INT(A1)   B．=INT(A1+0.5)

    C．=ROUND(A1，0)   D．=ROUNDUP(A1，0)

答案： C

解析： ROUND 函数的格式为 ROUND(number,num_digits)，将指定数值 number 按指定的位数 num_digits 进行四舍五入。如果希望始终进行向上舍入，可以使用 ROUNDUP 函数；如果希望始终进行向下舍入，则应使用 ROUNDDOWN 函数。INT 函数只能向下取整。

【例6】 Excel 工作表的 D 列保存了18位身份证号码信息，为了保护个人隐私，需要将身份证信息的第3位、第4位和第9位、第10位用"*"表示，以 D2 单元格为例，最优的操作方法是_____。

    A．=REPLACE(D2,9,2"**")+REPLACE(D2,3,2"**")

    B．=REPLACE(D2,3,2,"**",9,2"**")

C．=REPLACE(REPLACE(D2,3,2,"**"),3,2,"**")

D．=MID(D2,3,2,"**"9,2,"**")

答案：C

解析：REPLACE 函数用新字符串替换旧字符串，而且替换的位置和数量都是指定的。其格式为 REPLACE(old_text,start_num,num_chars,new_text)。old_text 是要替换的字符串，start_mum 是开始位置，num_chars 是替换个数，new_text 是新的文本。选项 B、D 的参数个数不符合函数要求。

【**例 7**】将 Excel 工作表中 A1 单元格的公式 SUM(B\$2:C\$4) 复制到 B18 单元格后，原公式将变为_____。

A．SUM(C\$19:D\$19)　　　　　　B．SUM(C\$2:D\$4)

C．SUM(B\$19:C\$19)　　　　　　D．SUM(B\$2:C\$4)

答案：B

解析：在复制公式时，如果不希望所引用的位置发生变化，那么就要用到绝对引用，绝对应用是在引用的地址前插入符号"\$"。在本题中，列为相对引用，行为绝对引用。

【**例 8**】不可以在 Excel 工作表中插入的"迷你"图类型是_____。

A．"迷你"折线图　　　　　　B．"迷你"柱形图

C．"迷你"散点图　　　　　　D．"迷你"盈亏图

答案：C

解析：可以在 Excel 工作表中插入的"迷你"图类型有折线图、柱形图和盈亏图。

【**例 9**】在 Excel 工作表中存放了第一中学和第二中学所有班级总计 300 个学生的考试成绩，A 列至 D 列分别对应"学校"、"班级"、"学号"和"成绩"，利用公式计算第一中学 3 班的平均分，最优的操作方法是_____。

A．=SUMIFS(D2:D301,A2:A301,"第一中学",B2:B301,"3")/COUNTIFS(A2:A301,"第一中学",B2:B301,"3 班")

B．=SUMIFS(D2:D301,B12:B301,"3 班")/COUNTIFS(B12:B301,"3 班")

C．=AVERAGEIFS(D2:D301,A2:A301,"第一中学",B2:B301,"3 班")

D．=AVERAGEIF(D2:D301,A2:A301,"第一中学",B2:B301,"3 班")

答案：C

解析：多条件求平均值可以直接使用 AVERAGEIFS 函数。AVERAGEIFS 函数用于对指定区域满足多个条件的所有单元格中的数值求算术平均值，其格式为 AVERAGEIFS(average_range,criteria_range1,criteria1,crileria_range2,criteria2,…)。其中，average-range 为要计算平均值的实际单元格区域，criteria_range1、crileria_range2 为在其中计算关联条件的区域。criteria1、criteria2 是求平均值的条件；每个 criteria_range 的大小和形状必须与 average-range 相同。

【**例 10**】Excel 工作表的 D 列保存了 18 位身份证号码信息，为了保护个人隐私，需要将身份证信息的第 9 位至第 12 位用"*"表示，以 D2 单元格为例，最优的操作方法是_____。

A．=MID(D2,1,8)+"****"+MID(D2,13,6)

B．=CONCATENATE(MID(D2,1,8)"****",MID(D2,13,6))

C．=REPLACE(D2,9,4,"****")

D．=MID(D2,9,4,"****")

答案：C

解析：选项 A 的"+"无法实现文本连接；选项 C 使用的是函数格式对，MID 函数只有 3 个参数。选项 B、C 均能实现题目要求的操作结果，但相对于选项 B，选项 C 要简单得多。

【例 11】小金从网站上查到了最近一次全国人口普查的数据表格，他准备将这份表格中的数据引用到 Excel 中以便进一步分析，最优的操作方法是_____。

A．对照网页上的表格，直接将数据输入 Excel 工作表中

B．通过复制、粘贴功能，将网页上的表格复制到 Excel 工作表中

C．通过 Excel 中的"自网站获取外部数据"功能，直接将网页上的表格导入 Excel 工作表中

D．先将包含表格的网页保存为.html 或.html 格式文件，然后在 Excel 中直接打开该文件

答案：C

解析：各类网站上有大量已编辑好的表格数据，可以将其导入 Excel 工作表中用于统计分析，此操作可以通过"数据"选项卡中的"获取外部数据"选项组来实现。

【例 12】小胡利用 Excel 对销售人员的销售额进行统计，销售工作表中已包含每位销售人员对应的产品销量，并且产品销售单价为 308 元，计算每位销售人员销售额的最优操作方法是_____。

A．直接通过公式"=销量*308"计算销售额

B．将"308"定义为"单价"，然后在计算销售额的公式中引用该名称

C．将"308"输入某个单元格中，然后在计算销售额的公式中绝对引用该单元格

D．将"308"输入某个单元格中，然后在计算销售额的公式中相对引用该单元格

答案：B

解析：为单元格或区域指定一个名称是实现绝对引用的方法之一。可以在公式中使用定义的名称以实现绝对引用。可以定义为名称的对象包括常量、单元格或单元格区域、公式。

【例 13】老王正在使用 Excel 计算员工本年度的年终奖金，他希望与存放在不同工作簿中的前 3 年奖金发放情况进行比较，最优的操作方法是_____。

A．分别打开前 3 年的奖金工作簿，将它们复制在同一个工作表中进行比较

B．通过全部重排功能，将 4 个工作簿平铺在屏幕上进行比较

C．通过并排查看功能，分别将今年与前 3 年的数据进行两两比较

D．打开前 3 年的奖金工作簿，需要比较时在每个工作簿窗口之间进行切换查看

答案：B

解析：要想同时查看所有打开的窗口，单击"视图"选项卡中"窗口"选项组的"全部重排"按钮，在弹出的对话框中选择一种排列方式，这样就可以将所有打开的工作簿排列在一个窗口中进行比较。选项 C 中的"并排查看"功能每次只能比较 2 个工作窗口中的内容。

【例 14】钱经理正在审阅借助 Excel 统计的产品销售情况，他希望能够同时查看这个千行千列的超大工作表的不同部分，最优的操作方法是_____。

A．将该工作簿另存几个副本，然后打开并重排这几个工作簿以分别查看不同的部分

B．在工作表合适的位置冻结拆分窗格，然后分别查看不同的部分

C．在工作表合适的位置拆分窗口，然后查看不同的部分

D．在工作表中新建几个窗口，重排窗口后在每个窗口中查看不同的部分

答案：C

解析：在工作表的某个单元格中单击鼠标，在"视图"选项卡的"窗口"选项组中，单击"拆分"按钮，以单元格为坐标，将窗口拆分为4个，在每个窗口中均可进行编辑查看。

【例15】小王要将通过Excel整理的调查问卷统计结果送交经理审阅，这份调查表包含统计结果和中间数这2个工作表。他希望经理无法看到其存放中间数据的工作表，最优的操作方法是_____。

A．将存放中间数据的工作表删除

B．将存放中间数据的工作表移至其他工作簿保存

C．将存放中间数据的工作表隐藏，然后设置保护工作表隐藏

D．将存放中间数据的工作表隐藏，然后设置保护工作簿结构

答案：D

解析：若要隐藏某个工作表，可在该工作表标签上单击鼠标右键，在弹出的快捷菜单中选择"隐藏"命令。设置隐藏后，如果不希望他人对工作簿的结构或窗口进行改变，则可以设置工作簿保护，方法是在"审阅"选项卡的"更改"选项组中，单击"保护工作簿"按钮，在打开的"保护结构和窗口"对话框中勾选"结构"复选框。

【例16】小韩在Excel中制作了一份通讯录，并为工作表数据区域设置了合适的边框和底纹，她希望工作表中的灰色网格线不再显示，最快捷的操作方法是_____。

A．在"页面设置"对话框中设置不显示网格线

B．在"页面布局"选项卡的"工作表选项"选项组中设置不显示网格线

C．在后台视图的高级选项下，设置工作表不显示网格线

D．在后台视图的高级选项下，设置工作表网格线为白色

答案：B

解析：在工作表中，在为工作表数据区域设置了合适的边框和底纹后，如果希望工作表中默认的灰色网格线不再显示，可在"页面布局"选项卡的"工作表选项"选项组中取消勾选网格线下的"查看"复选框。故答案为选项B。

三、PowerPoint的功能和使用

【例1】李老师制作完成了一个带有动画效果的PowerPoint教案，她希望在课堂上可以按照自己讲课的节奏自动播放，最优的操作方法是_____。

A．为每张幻灯片设置特定的切换持续时间，并将演示文稿设置为自动播放

B．在练习过程中，利用"排练计时"功能记录适合的幻灯片切换时间，然后播放即可

C．根据讲课节奏，设置幻灯片中每个对象的动画时间，以及每张幻灯片的自动换片时间

D．将PowerPoint教案另存为视频文件

答案：B

解析：在放映每张幻灯片时，必须要有适当的时间供演示者充分表达自己的思想，以供观众领会该幻灯片所要表达的内容。利用PowerPoint的排练计时功能，演示者可在准备演示文稿的同时，通过排练为每张幻灯片确定适当的放映时间，这也是自动放映幻灯片的要求。故正确答案为选项B。

【例2】如果需要在 PowerPoint 演示文稿的每张幻灯片中添加包含单位名称的水印效果，那么最优的操作方法是_____。

A．制作一个带单位名称的水印背景图片，然后将其设置为幻灯片背景

B．添加包含单位名称的文本框，并置于每张幻灯片的底层

C．在幻灯片母版的特定位置放置包含单位名称的文本框

D．利用 PowerPoint 插入"水印"功能实现

答案：A

解析：在幻灯片张数较多时，选项 B 的操作比较烦琐；选项 C 应将文本框置于底层；选项 D 的 PowerPoint 中没有插入"水印"功能。

【例3】邱老师在学期总结 PowerPoint 演示文稿中插入了一个 SmartArt 图形，她希望将该 SmartArt 图形的动画效果设置为逐个形状播放，最优的操作方法是_____。

A．为该 SmartArt 图形选择一个动画类型，然后进行适当的动画效果设置

B．只能将 SmartArt 图形作为一个整体设置动画效果，不能分开指定

C．先将该 SmartArt 图形取消组合，然后为每个形状依次设置动画

D．先将该 SmartArt 图形转换为形状，然后取消组合，再为每个形状依次设置动画

答案：A

解析：在"动画"选项卡的"动画"选项组中为 SmartArt 图形设置一种动画效果后，单击"效果选项"下拉按钮并选择"逐个"选项，这样在播放时将逐个形状播放。

【例4】小江在制作公司产品介绍的 PowerPoint 演示文稿时，希望每类产品可以通过不同的演示主题进行展示，最优的操作方法是_____。

A．为每类产品分别制作演示文稿，每份演示文稿均应用不同的主题

B．为每类产品分别制作演示文稿，每份演示文稿均应用不同的主题，然后将这些演示文稿合并

C．在演示文稿中选中每类产品所包含的所有幻灯片，分别为其应用不同的主题

D．通过 PowerPoint 中的"主题分布"直接应用不同的主题

答案：C

解析：PowerPoint 提供了主题功能，用户可以根据不同的需求选择不同的主题，若要对部分幻灯片设置主题，可在选中幻灯片后，右键单击某主题，在弹出的快捷菜单中选择"应用于选定幻灯片"命令。

【例5】设置 PowerPoint 演示文稿中的 SmartArt 图形动画，要求一个分支形状展示完成后再展示下一分支形状内容，最优的操作方法是_____。

A．将 SmartArt 动画效果设置为"整批发送"

B．将 SmartArt 动画效果设置为"一次按级别"

C．将 SmartArt 动画效果设置为"逐个按分支"

D．将 SmartArt 动画效果设置为"逐个按级别"

答案：C

解析：在为 SmartArt 图形设置动画后，要使一个分支形状展示完成后再展示下一个分支形状，可在"动画"选项卡的"动画"选项组中将"效果选项"设置为"逐个按分支"。

【例 6】在 PowerPoint 演示文稿中通过分节组织幻灯片，如果要求一节内所有幻灯片的切换方式一致，最优的操作方法是_____。

A．分别选中该节的每张幻灯片，逐个设置其切换方式

B．选中该节的一张幻灯片，然后按住 Ctrl 键，逐个选中该节的其他幻灯片，再设置切换方式

C．选中该节的一张幻灯片，然后按住 Shift 键，单击该节的最后一张幻灯片，再设置切换方式

D．单击节标题，再设置切换方式

答案：D

解析：单击节标题，可选中该节中的所有幻灯片，然后在"切换"选项卡的"切换到此幻灯片"选项组中选择一种切换方式，则该节中的所有幻灯片均使用了该切换方式。故正确答案为选项 D。

【例 7】可以在 PowerPoint 同一窗口显示多张幻灯片，并在幻灯片下方显示编号的视图是_____。

A．普通视图　　　　　　　　　　B．幻灯片浏览视图

C．备注页视图　　　　　　　　　D．阅读视图

答案：B

解析：幻灯片浏览视图可以在同一窗口显示多张幻灯片，并在幻灯片下方显示编号，可以对演示文稿的顺序进行排列和组织。

【例 8】下列针对 PowerPoint 中图片对象的操作，描述错误的是_____。

A．可以在 PowerPoint 中直接删除图片对象的背景

B．可以在 PowerPoint 中直接将彩色图片转换为黑白图片

C．可以在 PowerPoint 中直接将图片转换为铅笔素描效果

D．可以在 PowerPoint 中将图片另存为.psd 格式的文件

答案：D

解析：在对 PowerPoint 中图片对象进行另存时，可存储的格式为.gif、.jpg、.png、.tif、.bmp等，无法存储为.psd 格式的文件。

【例 9】如果需要将 PowerPoint 演示文稿中的 SmartArt 图形列表内容通过动画效果一次性展现出来，最优的操作方法是_____。

A．将 SmartArt 动画效果设置为"整批发送"

B．将 SmartArt 动画效果设置为"一次按级别"

C．将 SmartArt 动画效果设置为"逐个按分支"

D．将 SmartArt 动画效果设置为"逐个按级别"

答案：D

解析：如果需要将 PowerPoint 演示文稿中的 SmartArt 图形列表内容通过动画效果一次性展现出来，最优的操作方法是将 SmartArt 动画效果设置为"整批发送"。设置方法如下：单击"动画"选项卡中"动画"选项组的"效果选项"下拉按钮，在下拉列表中选择"整批发送"选项。

【例 10】在 PowerPoint 演示文稿中通过分节组织幻灯片，如果要选中某一节中的所有幻灯

片，最优的操作方法是_____。

　　A．按组合键 Ctrl+A

　　B．选中该节的一张幻灯片，然后按住 Ctrl 键，逐个选中该节的其他幻灯片

　　C．选中该节的第一张幻灯片，然后按住 Shift 键，单击该节的最后一张幻灯片

　　D．单击节标题

　　答案：D

　　解析：在对幻灯片进行分节的演示文稿中，单击节标题，即可选择该节下的所有幻灯片。

　　【例 11】小梅需要将 PowerPoint 演示文稿的内容制作成一份 Word 版本讲义，以便后续可以灵活编辑及打印，最优的操作方法是_____。

　　A．将演示文稿另存为"大纲/RTF 文件"格式，然后在 Word 中打开

　　B．在 PowerPoint 中利用"创建讲义"功能，直接创建 Word 讲义

　　C．将演示文稿中的幻灯片以粘贴对象的方式一张一张地复制到 Word 文档中

　　D．切换到演示文稿的"大纲"视图，将大纲内容直接复制到 Word 文档中

　　答案：B

　　解析：在 PowerPoint 中利用"创建讲义"功能，可以将演示文稿的内容制作成一份 Word 版本讲义，以便后续可以灵活编辑及打印。具体的操作方法如下：选择"文件"选项卡中的"导出"命令，双击"创建"讲义按钮，在弹出的"发送到 Microsoft Word"对话框中选择使用的版式，然后单击"确定"按钮。

　　【例 12】小刘正在整理公司各产品线介绍的 PowerPoint 演示文稿，因幻灯片内容较多，不利于对各产品线演示内容进行管理。快速分类和管理幻灯片的最优操作方法是_____。

　　A．将演示文稿拆分成多个文档，按每个产品线生成一份独立的演示文稿

　　B．为不同的产品线幻灯片分别指定不同的设计主题，以便浏览

　　C．利用自定义幻灯片放映功能，将每个产品线定义为独立的放映单元

　　D．利用节功能，将不同的产品线幻灯片分别定义为独立节

　　答案：D

　　解析：有时演示文稿会有大量的幻灯片，不便于管理，这时可以使用分节的功能进行快速分类。具体的操作方法如下：在幻灯片浏览视图中需要进行分节的幻灯片之间右击，选择"新增节"命令，这时就会出现一个无标题节，右击后选择"重命名节"命令，将其重新命名。

　　【例 13】在 PowerPoint 中可以通过多种方法创建一张新幻灯片，下列操作方法错误的是_____。

　　A．在普通视图的幻灯片缩略图窗格中，定位光标后按 Enter 键

　　B．在普通视图的幻灯片缩略图窗格中单击鼠标右键，在弹出的快捷菜单中选择"新建幻灯片"命令

　　C．在普通视图的幻灯片缩略图窗格中定位光标，单击"开始"选项卡中"幻灯片"选项组的"新建幻灯片"下拉按钮

　　D．在普通视图的幻灯片缩略图窗格中定位光标，单击"插入"选项卡中"幻灯片"选项组的"新建幻灯片"下拉按钮

　　答案：D

　　解析：选项 A、B、C 均可新建一张幻灯片；选项 D 项中的"插入"选项卡中无"幻灯片"

按钮，该方法无法创建幻灯片。

【例14】如果希望每次打开 PowerPoint 演示文稿时，窗口中都处于幻灯片浏览视图，最优的操作方法是_____。

A．通过"视图"选项卡中的"自定义视图"按钮进行指定

B．每次打开演示文稿后，通过"视图"选项卡切换到幻灯片浏览视图

C．每次保存并关闭演示文稿前，通过"视图"选项卡切换到幻灯片浏览视图

D．在后台视图中，通过高级选项设置用幻灯片浏览视图打开全部文档

答案：D

解析：选择"文件"选项卡中的"选项"，在弹出的"PowerPoint 选项"对话框中选择"高级"选项卡，在"显示"选项组的"用此视图打开全部文档"下拉列表中选择"幻灯片浏览"选项，这样设置后，每次打开 PowerPoint 演示文稿时，窗口中都处于幻灯片浏览视图。

【例15】小马正在制作有关员工培训的新演示文稿，他想借鉴自己以前制作的某个培训文稿中的部分幻灯片，最优的操作方法是_____。

A．将原演示文稿中有用的幻灯片依次复制到新文稿

B．放弃正在编辑的新文稿，直接在原演示文稿中进行修改，并另行保存

C．通过"重用幻灯片"功能将原演示文稿中有用的幻灯片引用到新演示文稿中

D．单击"插入"选项卡中"文本"选项组的"对象"按钮，插入原演示文稿中的幻灯片

答案：C

解析：在 PowerPoint 中，通过"重用幻灯片"功能可以将原演示文稿中有用的幻灯片引用到新演示文稿中，具体的操作方法如下：单击"开始"选项卡中"幻灯片"选项组的"新建幻灯片"下拉按钮，在下拉列表中选择"重用幻灯片"选项，在打开的"重用幻灯片"窗格中选择原演示文稿，然后选择该演示文稿中需要用到的幻灯片。

【例16】在 PowerPoint 演示文稿中利用"大纲"窗格组织、排列幻灯片的文字时，输入幻灯片标题后进入下一组文本输入状态的最快捷的方法是_____。

A．按组合键 Ctrl+Enter

B．按组合键 Shift+Enter

C．按 Enter 键后，从右键菜单中选择"降级"命令

D．按 Enter 键后，再按 Tab 键

答案：A

解析：在"大纲"缩览窗口中选择一张需要编辑的幻灯片图标，可以直接输入幻灯片标题，此时，若按组合键 Ctrl+Enter，就可以进入下一级文本输入状态；若按 Enter 键，就可以插入一张新幻灯片。

Access 数据库基础

【例 1】在 Access 数据库中，表由_____。

A．字段和记录组成

B．查询和字段组成

C．记录和窗体组成

D．报表和字段组成

答案：A

解析：表是数据库中用来存储数据的对象。在 Access 数据表中，数据以二维表的形式保存。表中的列称为字段，说明了一条信息在某个方面的属性；表中的行是记录，一条记录就是一个完整的信息。

【例 2】若 Access 数据库的一张表中有多条记录，则下列叙述正确的是_____。

A．记录前后顺序可以任意颠倒，不影响表中的数据关系

B．记录前后顺序不能任意颠倒，要按照输入的顺序排列

C．记录前后顺序可以任意颠倒，排列顺序不同，统计结果可能不同

D．记录前后顺序不能任意颠倒，一定要按照关键字段值的顺序排列

答案：A

解析：Access 是一种关系数据库。在关系模型中，元组的次序无关紧要，任意交换两行的位置不会影响数据的实际含义。另外，列的次序也无关紧要，任意交换两列的位置也不会影响数据的实际含义。

【例 3】下列关于主关键字的叙述，错误的是_____。

A．使用自动编号是创建主关键字的简单方法

B．作为主关键字的字段允许出现 Null 值

C．作为主关键字的字段不允许出现重复值

D．可将两个或更多字段组合作为主关键字

答案：B

解析：主关键字是能唯一地标识一个元组的属性或属性组。Access 利用主关键字可以迅速关联多个表中的数据，不允许在主关键字字段中有重复值或空值（Null）。在有些应用系统中，常常采用增加诸如"自动编号"这类数据作为关键字以区分各条记录。

【例 4】两个关系在没有公共属性时，其自然连接操作表现为_____。

A．笛卡儿积操作　　　B．等值连接操作　　　C．空操作　　　D．无意义的操作

答案：A

解析：本题考查的是关系运算。关系运算可分为两大类：一类是传统的集合运算，如并、交、差和笛卡儿积；另一类是专门的关系运算，其中包括选择、投影、连接和自然连接。两个

关系有公共属性时的自然连接操作是将两个关系拼接成一个新的关系,生成的新关系中包含满足条件的元组,其中的拼接条件就是公共属性相等;若没有公共属性,自然连接操作就退化为笛卡儿积操作。

【例5】学生表中"姓名"字段的数据类型为文本,字段大小为 10,则输入姓名时最多可以输入的汉字数和英文字符数分别是_____。

A．5　5　　　　　　B．5　10　　　　　　　C．10　10　　　　　　D．10　20

答案: C

解析: 字段大小属性用于限制输入该字段的最大长度。需要注意的是,在 Access 中,如果文本型字段的值是汉字,每个汉字占 1 位,而不是 2 位。如果字段大小为 10,则可输入的汉字数和英文字符数都是 10。

【例6】"是/否"数据类型常被称为_____。

A．真/假型　　　　B．对/错型　　　　　C．I/O 型　　　　　D．布尔型

答案: D

解析: 本题考查的是 Access 数据类型的基础知识。Access 支持很多种数据类型,其中的"是/否"型是针对只包含两种不同取值的字段而设置的,所以又被称为布尔型。

【例 7】如果要在某数据库的表中添加 Intcmet 站点的网址,那么应该采用的字段类型是_____。

A．OLE 对象数据类型　　　　　　　B．超级链接数据类型

C．查阅向导数据类型　　　　　　　D．自动编号数据类型

答案: B

【解析】超级链接型字段是用来保存超级链接的。超级链接型字段包含作为超级链接地址的文本或以文本形式存储的字符与数字的组合。超级链接地址是通往对象、文档、Web 页或其他目标的路径。

【例8】下列不属于 Access 中定义的关键字是_____。

A．单字段　　　　B．多字段　　　　C．空字段　　　　　D．自动编号

答案: C

解析: 本题考查的是主关键字的知识。Access 数据库中的每个表都有一个或一组字段能唯一标识每条记录,这个字段称为主关键字。Access 不允许在主关键字字段中存在重复值和空值。自动编号数据类型是每次向表中添加新记录时自动生成的,但是一旦被指定就会永久地与记录连接,即使删除了某条记录,Access 也不会对表中的自动编号字段重新编号。当表中没有设置其他主关键字时,在保存表时会提示是否自动创建主键,此时单击"是"按钮,将会为表创建一个自动编号字段作为主关键字。

【例9】若某字段设置的输入掩码为"####-######",则在下列输入数据中,正确的是_____。

A．0755-123456　　B．0755-abcdef　　　C．abcd-123456　　　　D．####-######

答案: A

解析: 在输入掩码中,"#"表示可以输入数字或空格,同时允许输入加号和减号。

【例10】掩码"LLL000"对应的正确的输入数据是_____。

A．555555　　　　B．aaa555　　　　C．555aaa　　　　　D．aaaaaa

答案：B

解析："L"表示输入的必须是字母，"0"表示输入的必须是数字，只有选项 B 符合要求。

【例11】定义字段默认值的含义是_____。

A．不得使该字段为空　　　　　　　　　B．不允许字段的值超出某个范围

C．在未输入数据之前系统自动提供的数值　D．系统自动把小写字母转换为大写字母

答案：C

解析：本题考查的是表的基础知识。表中的每个字段都可以设置一个默认值，当在数据表视图下向表中输入数据时，未输入的数据都是该字段的默认值。

【例12】假设学生表已有年级、专业、学号、姓名、性别和生日这 6 个属性，其中可以作为主关键字的是_____。

A．姓名　　　　　　B．学号　　　　　　C．专业　　　　　　D．年级

答案：B

解析：主关键字是表中的一个或多个字段，用于唯一地标识表中的某条记录。此题的学生表中能做主关键字的只有"学号"这个字段。

【例13】学校规定学生宿舍的标准如下：本科生 4 人一间，硕士生 2 人一间，博士生 1 人一间，学生与宿舍之间形成了住宿关系，这种住宿关系是_____。

A．一对一联系　B．一对四联系　　　　C．一对多联系　D．多对多联系

答案：C

解析：一个学生可以根据自己的学历住在对应的宿舍里，如果是本科生就住 4 人间，如果是硕士生就住 2 人间， 如果是博士就住单人间；而 4 人间住的只能是本科生，2 人间住的只能是硕士生，单人间住的则只能是博士生。所以，学生和宿舍之间形成了一对多的联系。

【例14】可以插入图片的字段类型是_____。

A．文本　　　　　　B．备注　　　　　　C．OLE 对象　　　D．超链接

答案：C

解析：文本型字段只可以保存文本或文本与数字的组合，不可以插入图片；备注型字段保存的是较长的文本，也不可以插入图片；超链接型字段用来保存超级链接，包括作为超级链接地址的文本或以文本形式存储的字符与数字的组合，不可以插入图片；OLE 对象型是指字段允许独立地"链接"或"嵌入"OLE 对象，可以链接或嵌入表中的 OLE 对象是指在其他使用 OLE 协议程序中创建的对象，如 Word 文档、Excel 电子表、图像、声音或其他二进制数据。

【例15】输入掩码字符"C"的含义是_____。

A．必须输入字母或数字　　　　　　　　B．可以选择输入字母或数字

C．必须输入一个任意的字符或一个空格　D．可以选择输入任意的字符或一个空格

答案：D

解析：掩码字符"&"表示必须输入任意一个字符或空格，掩码字符"A"表示必须输入字母或数字，掩码字符"a"表示可以选择输入字母或数字，掩码字符"C"表示可以选择输入任意的字符或一个空格。

【例16】输入掩码字符"&"的含义是_____。

A．必须输入字母或数字　　　　　　　　B．可以选择输入字母或数字

C．必须输入一个任意的字符或一个空格　　　　D．可以选择输入任意的字符或一个空格

答案：C

【例 17】下列关于空值的叙述，错误的是_____。

A．空值表示字段还没有确定值　　　　　　B．Access 使用 Null 表示空值

C．空值等同于空字符串　　　　　　　　　D．空值不等于数值 0

答案：C

解析：在 Access 表中，如果某个记录的某个字段尚未存储数据，则称记录的这个字段的值为空值。空值与空字符串的含义有所不同，空值是缺值或还没有值，字段中允许使用 Null 值来说明一个字段中的信息目前还无法得到：空字符串是用双引号括起来的，并且双引号中间没有空格，是长度为 0 的字符串。

【例 18】使用表设计器定义表中字段时，不是必须设置的内容是_____。

A．字段名称　　　　B．数据类型　　　　C．说明　　　　D．字段属性

答案：C

解析：表的"设计"视图分为上、下两部分：上半部分是表的设计器，下半部分是字段属性区。在表设计器中，从左至右分别为字段选定器、字段名称列、数据类型列和说明列。说明信息不是必需的，但它能增加数据的可读性。

【例 19】如果想在已建立的"tSalary"表的数据表视图中直接显示出姓"李"的记录，应使用 Access 提供的 _____。

A．筛选功能　　　　B．排序功能　　　　C．查询功能　　　　D．报表功能

答案：A

解析：筛选功能是从众多的数据中挑出一部分满足某种条件的数据进行处理，经过筛选后的表，只显示满足条件的记录，而不满足条件的记录将被隐藏起来。题目要求在数据表视图中直接显示出姓"李"的记录，所以选用筛选功能。

【例 20】学校图书馆规定，一名旁听生只能借一本书，一名在校生可以同时借 5 本书，一名教师可以同时借 10 本书，在这种情况下，读者与图书之间形成了借阅关系，这种借阅关系是_____。

A．一对一联系　　　B．一对五联系　　　C．一对十联系　　　D．一对多联系

答案：D

解析：在本题中，一个读者可以和一本或多本图书相关，这种关系称为一对多。

【例 21】在数据表视图中，不能进行的操作是_____。

A．删除一条记录　　B．修改字段的类型　　C．删除一个字段　　D．修改字段的名称

答案：B

解析：修改字段类型操作必须在表的设计视图下进行。删除记录操作可以右击要删除的记录行进行删除；删除一个字段可以右击要删除的字段栏进行删除；修改字段名称可以在字段名称处右击，然后进行修改。

【例 22】在 Access 中，设置为主键的字段_____。

A．不能设置索引　　　　　　　　　　B．可设置为"有（有重复）"索引

C．系统自动设置索引　　　　　　　　D．可设置为"无"索引

答案： C

解析： 当某个字段被设置为主键时，系统自动将其设置为"有（无重复）"索引。

【例23】 查询能实现的功能有_____。

A. 选择字段、选择记录、编辑记录、实现计算、建立新表、建立数据库

B. 选择字段、选择记录、编辑记录、实现计算、建立新表、更新关系

C. 选择字段、选择记录、编辑记录、实现计算、建立新表、设计格式

D. 选择字段、选择记录、编辑记录、实现计算、建立新表、建立基于查询的报表和窗体

答案： D

解析： 查询最主要的目的是根据指定的条件对表或其他查询进行检索，筛选出符合条件的记录，构成一个新的数据集合，从而方便对数据表进行查看和分析。利用查询可以实现选择字段、选择记录、编辑记录、实现计算、建立新表、建立基于查询的报表和窗体等功能。

【例24】 在学生表中建立查询，"姓名"字段的查询条件设置为"Is Null"，运行该查询后，显示的记录是_____。

A. 姓名字段为空的记录　　　　　　B. 姓名字段中包含空格的记录

C. 姓名字段不为空的记录　　　　　D. 姓名字段中不包含空格的记录

答案： A

解析： 使用 Is Null 可以判断表达式是否包含 Null 值。在本题中，为"姓名"字段使用此函数可以查询所有姓名为空的记录。

【例25】 在教师表中，"职称"字段可能的取值为教授、副教授、讲师和助教，要查找职称为教授或副教授的教师，错误的语句是_____。

A. SELECT * FROM 教师表 WHERE (InStr([职称],"教授")<>0)

B. SELECT * FROM 教师表 WHERE (Right([职称],2)="教授")

C. SELECT * FROM 教师表 WHERE ([职称]="教授")

D. SELECT * FROM 教师表 WHERE (InStr([职称],"教授")=1 Or InStr([职称],"教授")=2)

答案： C

解析： 选项 C 的查询结果是从教师表中查找职称是教授的教师，与题干要求不同。

【例26】 若 Access 数据表中有姓名为"李建华"的记录，下列无法查出"李建华"的表达式是_____。

A. Like "华"　　　B. Like "*华"　　　C. Like "*华*"　　　D. Like "??华"

答案： A

解析： 在设置查询条件时，可以用 Like 运算符指定查找文本字段的字符模式。在所定义的字符模式中，用"？"表示该位置可匹配任何一个字符；用"*"表示该位置可匹配任何多个字符；用"#"表示该位置可匹配一个数字；用"[]"描述一个范围，用于指定可匹配的字符范围。如果字符中没有通配符，则在查找时进行严格匹配，"Like"华""只能查找出姓名为"华"的记录。这里需要指出的是，用"*"进行匹配时，可以是 0 个字符，因此选项 C 的表达式正确。

【例27】 在 SQL 语言的 SELECT 语句中，用于指明检索结果排序的子句是_____。

A. FROM　　　　B. WHILE　　　　C. GROUP BY　　　D. ORDER BY

答案： D

　　解析：FROM 子句说明要检索的数据来自哪个或哪些表；GROUP BY 子句用于对检索结果进行分组；SELECT 语句中没有 WHILE 子句。

　　【**例 28**】如果在查询条件中使用通配符"[]"，那么其含义是_____。

　　A．错误的使用方法　　　　　　　B．通配不在括号内的任意字符

　　C．通配任意长度的字符　　　　　D．通配方括号内任意单个字符

　　答案：D

　　解析：通配符"[]"用于匹配方括号内的任意字符。通配不在括号内的任意字符要用"!"，通配任意长度的字符则用"*"。

　　【**例 29**】"学生表"中有"学号"、"姓名"、"性别"和"入学成绩"等字段，执行如下 SQL 命令后的结果是_____。

　　SELECT AVG（入学成绩）FROM 学生表 GROUP BY 性别

　　A．计算并显示所有学生的平均入学成绩

　　B．计算并显示所有学生的性别和平均入学成绩

　　C．按性别顺序计算并显示所有学生的平均入学成绩

　　D．按性别分组计算并显示不同性别学生的平均入学成绩

　　答案：D

　　解析：AVG 函数用于计算平均数，GROUP BY 用于分组。综合这两项，我们可以得到，该 SQL 语句的作用是按性别进行分组，并且根据性别对成绩求平均值。

　　【**例 30**】下列关于 SQL 语句的叙述中，错误的是_____。

　　A．INSERT 语句可以向数据表中追加新的数据记录

　　B．UPDATE 语句用于修改数据表中已经存在的数据记录

　　C．DELETE 语句用于删除数据表中的记录

　　D．CREATE 语句用于建立表结构并追加新的记录

　　答案：D

　　解析：在 SQL 语言中，可以使用 CREATE TABLE 语句定义基本表；INSERT 语句用于实现数据的插入；UPDATE 语句用于实现数据的更新；DELETE 语句用于实现数据的删除。

公共基础知识自测习题

【单选题】

1. 算法的时间复杂度是指_____。
A. 执行算法程序所需要的时间
B. 算法程序的长度
C. 算法在执行过程中所需要的基本运算次数
D. 算法程序中的指令条数

2. 算法的空间复杂度是指_____。
A. 算法程序的长度
B. 算法程序中的指令条数
C. 算法程序所占的存储空间
D. 算法执行过程中所需要的存储空间

3. 下列叙述中，正确的是_____。
A. 线性表是线性结构
B. 栈与队列是非线性结构
C. 线性链表是非线性结构
D. 二叉树是线性结构

4. 下列关于队列的叙述中，正确的是_____。
A. 在队列中只能插入数据
B. 在队列中只能删除数据
C. 队列是先进先出的线性表
D. 队列是先进后出的线性表

5. 假设有一个栈，元素依次进栈的顺序为 f、h、i、j、k，若进栈过程中可出栈，那么_____是不可能的出栈序列。
A. f、h、i、j、k
B. h、i、j、k、f
C. k、f、h、i、j
D. k、j、i、h、f

6. 在深度为 5 的满二叉树中，叶子节点的个数为_____。
A. 32
B. 31
C. 16
D. 15

7. 设树 T 的度为 4，其中度为 1、2、3、4 的节点个数分别为 4、2、1、1，则树 T 的叶子节点数为_____。
A. 8
B. 7
C. 6
D. 5

8. 3 个关系 R、S 和 T 如下。

R

A	B	C
a	1	2
b	2	1
c	3	1

S

A	B	C
d	3	2

T

A	B	C
a	1	2
b	2	1
c	3	1
d	3	2

其中，关系 T 由关系 R 和 S 通过某种操作得到，该操作称为_____。
A. 选择
B. 投影
C. 交
D. 并

9. 下面对对象概念描述错误的是_____。

A. 任何对象都必须有继承性　　　　　　B. 对象是属性和方法的封装体

C. 对象间的通信靠消息传递　　　　　　D. 操作是对象的动态属性

10. 在软件生命周期中，能准确地确定软件系统必须做什么和必须具备哪些功能的阶段是_____。

A. 概要设计　　　　B. 详细设计　　　　C. 可行性研究　　　　D. 需求分析

11. 下面不属于软件工程的 3 个要素的是_____。

A. 工具　　　　　　B. 过程　　　　　　C. 方法　　　　　　D. 环境

12. 检查软件产品是否符合需求定义的过程称为_____。

A. 确认测试　　　　B. 集成测试　　　　C. 验证测试　　　　D. 验收测试

13. 数据流图用于抽象描述一个软件的逻辑模型，数据流图由一些特定的图符构成。下列图符名标识的图符不属于数据流图合法图符的是_____。

A. 控制流　　　　　B. 加工　　　　　　C. 数据存储　　　　D. 数据流

14. 下列不属于软件设计原则的是_____。

A. 抽象　　　　　　B. 模块化　　　　　C. 自底向上　　　　D. 信息隐蔽

15. 程序流程图中的箭头代表的是_____。

A. 数据流　　　　　B. 控制流　　　　　C. 调用关系　　　　D. 组成关系

16. 在下列工具中，需求分析的常用工具的是_____。

A. PAD　　　　　　B. PFD　　　　　　C. N-S　　　　　　D. DFD

17. 在结构化方法中，软件功能分解属于软件开发中的_____。

A. 详细设计　　　　B. 需求分析　　　　C. 总体设计　　　　D. 编程调试

18. 下列不属于静态测试方法的是_____。

A. 代码检查　　　　　　　　　　　　　B. 白盒法

C. 静态结构分析　　　　　　　　　　　D. 代码质量度量

19. 软件需求分析阶段可以分为 4 个方面：需求获取、需求分析、编写需求规格说明书及_____。

A. 阶段性报告　　　B. 需求评审　　　　C. 总结　　　　　　D. 都不正确

20. 数据管理技术的发展经历了人工管理阶段、文件系统阶段和数据库系统阶段。其中，数据独立性最高的阶段是_____。

A. 数据库系统　　　B. 文件系统　　　　C. 人工管理　　　　D. 数据项管理

21. 下列关于数据库系统的叙述，正确的是_____。

A. 数据库系统减少了数据冗余

B. 数据库系统避免了一切冗余

C. 数据库系统中数据的一致性是指数据类型一致

D. 数据库系统可以比文件系统管理更多的数据

22. 关系表中的每个横行称为一个_____。

A. 元组　　　　　　B. 字段　　　　　　C. 属性　　　　　　D. 码

23．按条件 f 对关系 R 进行选择，其关系代数表达式是_____。

A．R|×|R   B．R|×|R   C．σf（R）   D．πf（R）

24．在关系数据库中，用来表示实体之间联系的是_____。

A．树结构   B．网结构   C．线性表   D．二维表

25．数据库设计包括两个方面的设计内容，它们是_____。

A．概念设计和逻辑设计   B．模式设计和内模式设计

C．内模式设计和物理设计   D．结构特性设计和行为特性设计

26．将 E-R 图转换到关系模式时，实体与联系都可以表示成_____。

A．属性   B．关系   C．键   D．域

27．下列有关数据库的描述，正确的是_____。

A．数据处理是将信息转化为数据的过程

B．数据的物理独立性是指当数据的逻辑结构改变时，数据的存储结构不变

C．关系中的每列称为元组，一个元组是一个字段

D．如果一个关系中的属性或属性组并非该关系的关键字，但它是另一个关系的关键字，
则将其称为本关系的外关键字

28．下列有关数据库的描述，正确的是_____。

A．数据库是一个 DBF 文件   B．数据库是一个关系

C．数据库是一个结构化的数据集合   D．数据库是一组文件

29．软件调试的目的是_____。

A．发现错误   B．改正错误

C．改善软件的性能   D．挖掘软件的潜能

30．在 E-R 图中，用来表示联系的图形是_____。

A．矩形   B．椭圆形   C．菱形   D．三角形

公共基础知识自测习题答案

1．C　2．D　3．A　4．C　5．C　6．C　7．A　8．D　9．A　10．D
11．D　12．A　13．A　14．C　15．B　16．D　17．C　18．B　19．B　20．A
21．A　22．A　23．C　24．D　25．A　26．B　27．D　28．C　29．B　30．C

计算机基础知识自测习题

【单选题】

1. 世界上公认的第一台电子计算机诞生在_____。
   A. 中国   B. 美国   C. 英国   D. 日本

2. 下列关于 ASCII 编码的叙述中，正确的是_____。
   A. 一个字符的标准 ASCII 码值占 1 字节，其最高二进制位总为 1
   B. 所有大写英文字母的 ASCII 码值都小于小写英文字母 "a" 的 ASCII 码值
   C. 所有大写英文字母的 ASCII 码值都大于小写英文字母 "a" 的 ASCII 码值
   D. 标准 ASCII 码表有 256 个不同的字符编码

3. CPU 的主要技术性能指标有_____。
   A. 字长、主频和运算速度   B. 可靠性和精度
   C. 耗电量和效率   D. 冷却效率

4. 在计算机系统软件中，最基本、最核心的软件是_____。
   A. 操作系统   B. 数据库管理系统
   C. 程序语言处理系统   D. 系统维护工具

5. 下列关于计算机病毒的叙述中，正确的是_____。
   A. 反病毒软件可以查、杀任何种类的病毒
   B. 计算机病毒是一种被破坏了的程序
   C. 反病毒软件必须随着新病毒的出现而升级，以提高查、杀病毒的功能
   D. 感染过计算机病毒的计算机具有对该病毒的免疫性

6. 在计算机中，组成一个字节的二进制位位数是_____。
   A. 1   B. 2   C. 4   D. 8

7. 下列选项属于"计算机安全设置"的是_____。
   A. 定期备份重要数据   B. 不下载来路不明的软件及程序
   C. 停掉 Guest 账号   D. 安装杀（防）毒软件

8. 在下列设备组中，完全属于输入设备的一组是_____。
   A. CD-RD 驱动器、键盘、显示器   B. 绘图仪、键盘、鼠标
   C. 键盘、鼠标、扫描仪   D. 打印机、硬盘、条码阅读器

9. 在下列软件中，属于系统软件的是_____。
   A. 航天信息系统   B. Office 2003   C. Windows Vista   D. 决策支持系统

10. 如果删除一个非零无符号二进制偶整数后的 2 个 0，则此数的值为原数的_____。
    A. 4 倍   B. 2 倍   C. 1/2   D. 1/4

11．在计算机中，西文字符所采用的编码是_____。

A．EBCDIC 码　　　　B．ASCII 码　　　　C．国标码　　　　D．BCD 码

12．度量计算机运算速度常用的单位是_____。

A．MIPS　　　　B．MHz　　　　C．MB/s　　　　D．Mbps

13．计算机操作系统的主要功能是_____。

A．管理计算机系统的软件和硬件资源，以充分发挥计算机资源的效率，并为其他软件提供良好的运行环境

B．把高级程序设计语言和汇编语言编写的程序翻译到计算机硬件可以直接执行的目标程序，为用户提供良好的软件开发环境

C．对各类计算机文件进行有效的管理，并提交计算机硬件高效处理

D．为用户提供便利，从而方便操作和使用计算机

14．下列关于计算机病毒的叙述中，错误的是_____。

A．计算机病毒具有潜伏性

B．计算机病毒具有传染性

C．感染过计算机病毒的计算机具有对该病毒的免疫性

D．计算机病毒是一个特殊的寄生程序

15．下列关于编译程序的说法正确的是_____。

A．编译程序属于计算机应用软件，所有用户都需要编译程序

B．编译程序不会生成目标程序，而是直接执行源程序

C．编译程序完成高级语言程序到低级语言程序的等价翻译

D．编译程序构造比较复杂，一般不进行出错处理

16．一个完整的计算机系统的组成部分的确切提法应该是_____。

A．计算机主机、键盘、显示器和软件　　　　B．计算机硬件和应用软件

C．计算机硬件和系统软件　　　　D．计算机硬件和软件

17．20GB 的硬盘表示容量约为_____。

A．20 亿字节　　　　B．20 亿个二进制位

C．200 亿字节　　　　D．200 亿个二进制位

18．计算机安全是指计算机资产安全，即_____。

A．计算机信息系统资源不受自然有害因素的威胁和危害

B．信息资源不受自然与人为有害因素的威胁和危害

C．计算机硬件系统不受人为有害因素的威胁和危害

D．计算机信息系统资源和信息资源不受自然和人为有害因素的威胁和危害

19．计算机软件的确切含义是_____。

A．计算机程序、数据与相应文档的总称

B．系统软件与应用软件的总和

C．操作系统、数据库管理软件与应用软件的总和

D．各类应用软件的总称

20．用高级程序设计语言编写的程序_____。

A．计算机能直接执行　　　　　　　　B．具有良好的可读性和可移植性

C．执行效率高　　　　　　　　　　　D．依赖于具体机器

21．运算器的完整功能是进行_____。

A．逻辑运算　　　　　　　　　　　　B．算术运算和逻辑运算

C．算术运算　　　　　　　　　　　　D．逻辑运算和微积分运算

22．按电子计算机传统的分代方法，第一代至第四代计算机依次是_____。

A．机械计算机，电子管计算机，晶体管计算机，集成电路计算机

B．晶体管计算机，集成电路计算机，大规模集成电路计算机，光器件计算机

C．电子管计算机，晶体管计算机，小、中规模集成电路计算机，大规模和超大规模集成
电路计算机

D．手摇机械计算机，电动机械计算机，电子管计算机，晶体管计算机

23．在 ASCII 码表中，根据码值由小到大的排列顺序是_____。

A．空格字符、数字符、大写英文字母、小写英文字母

B．数字符、空格字符、大写英文字母、小写英文字母

C．空格字符、数字符、小写英文字母、大写英文字母

D．数字符、大写英文字母、小写英文字母、空格字符

24．字长是 CPU 的主要性能指标之一，表示_____。

A．CPU 一次能处理二进制数据的位数

B．CPU 最长的十进制整数的位数

C．CPU 最大的有效数字位数

D．CPU 计算结果的有效数字长度

25．计算机操作系统通常具有的五大功能是_____。

A．CPU 管理、显示器管理、键盘管理、打印机管理和鼠标管理

B．硬盘管理、U 盘管理、CPU 管理、显示器管理和键盘管理

C．处理器（CPU）管理、存储管理、文件管理、设备管理和作业管理

D．启动、打印、显示、文件存取和关机

26．假设某台式计算机的内存储器容量为 256MB，硬盘容量为 40GB。硬盘的容量是内存
容量的_____。

A．200 倍　　　　B．160 倍　　　　C．120 倍　　　　D．100 倍

27．在计算机的硬件设备中，有一种设备在程序设计中既可以当作输出设备，又可以当作
输入设备，这种设备是_____。

A．绘图仪　　　　B．网络摄像头　　　C．手写笔　　　D．磁盘驱动器

28．在字处理软件、Linux、UNIX、学籍管理系统、Windows XP 和 Office 2003 这 6 个软
件中，属于系统软件的有_____。

A．字处理软件、Linux 和 UNIX

B．Linux、UNIX 和 Windows XP

C．字处理软件、Linux、UNIX 和 Windows XP

D．全部都不是

29．十进制数 18 转换成二进制数是_____。

A．010101 　　　　B．101000 　　　　C．010010 　　　　D．001010

30．在下列叙述中，正确的是_____。

A．CPU 直接读取硬盘上的数据 　　　　B．CPU 直接存取内存储器上的数据

C．CPU 由存储器、运算器和控制器组成 　　　　D．CPU 主要用来存储程序和数据

31．下列关于指令系统的描述，正确的是_____。

A．指令由操作码和控制码两部分组成

B．指令的地址码部分可能是操作数，也可能是操作数的内存单元地址

C．指令的地址码部分是不可缺少的

D．指令的操作码部分描述了完成指令所需要的操作数类

32．在下列英文缩写和中文名字的对照中，正确的是_____。

A．CAD：计算机辅助设计 　　　　B．CAM：计算机辅助教育

C．CIMS：计算机集成管理系统 　　　　D．CAI：计算机辅助制造

33．汇编语言程序_____。

A．相对于高级程序设计语言程序具有良好的可移植性

B．相对于高级程序设计语言程序具有良好的可读性

C．相对于机器语言程序具有良好的可移植性

D．相对于机器语言程序具有较高的执行效率

34．用来存储当前正在运行的应用程序和其相应数据的存储器是_____。

A．RAM 　　　　B．硬盘 　　　　C．ROM 　　　　D．CD-ROM

35．根据域名代码规定，表示政府部门网站的域名代码是_____。

A．net 　　　　B．com 　　　　C．gov 　　　　D．org

36．1946 年诞生的世界上公认的第一台电子计算机是_____。

A．UNIVAC-1 　　　　B．EDVAC 　　　　C．ENIAC 　　　　D．IBM560

37．已知英文字母 m 的 ASCII 码值是 109，那么英文字母 j 的 ASCII 码值是_____。

A．111 　　　　B．105 　　　　C．106 　　　　D．112

38．用 8 位二进制数能表示的最大的无符号整数等于十进制整数_____。

A．255 　　　　B．256 　　　　C．128 　　　　D．127

39．在下列叙述中，正确的是_____。

A．Word 文档不会携带计算机病毒

B．计算机病毒具有自我复制能力，能迅速扩散到其他程序上

C．清除计算机病毒最简单的办法是删除所有感染了病毒的文件

D．计算机杀病毒软件可以查出和清除任何已知或未知的病毒

40．在下列叙述中，错误的是_____。

A．高级语言编写的程序的可移植性最差

B．不同型号的计算机具有不同的机器语言

C．机器语言是由一串二进制数 0 和 1 组成的

D．用机器语言编写的程序执行效率最高

41．冯·诺依曼结构计算机的五大基本构件包括控制器、存储器、输入设备、输出设备和
_____。

A．显示器　　　　　　B．运算器　　　　　　C．硬盘存储器　　　　D．鼠标

42．通常所说的计算机的主机是指_____。

A．CPU 和内存　　　　　　　　　　B．CPU 和硬盘

C．CPU、内存和硬盘　　　　　　　D．CPU、内存和 CD-ROM

43．在下列 4 种存储器中，存取速度最快的是_____。

A．硬盘　　　　　　B．RAM　　　　　　C．U 盘　　　　　　D．CD-ROM

44．从用户的观点来看，操作系统是_____。

A．用户与计算机之间的接口

B．控制和管理计算机资源的软件

C．合理地组织计算机工作流程的软件

D．由若干层次的程序按一定的结构组成的有机体

45．在下列各进制的整数中，值最小的是_____。

A．十进制数 11　　　　　　　　　B．八进制数 11

C．十六进制数 11　　　　　　　　D．二进制数 11

46．编译程序的最终目标是_____。

A．发现源程序中的语法错误

B．改正源程序中的语法错误

C．将源程序编译成目标程序

D．将某高级语言程序翻译成另一种高级语言程序

47．在 CD 光盘上标记有"CD-RW"字样，"RW"标记表明该光盘是_____。

A．只能写入一次，可以反复读出的一次性写入光盘

B．可多次擦除型光盘

C．只能读出，不能写入的只读光盘

D．其驱动器单倍速为 1350MB/s 的高密度可读写光盘

48．微型计算机完成一个基本运算或判断的前提是中央处理器执行一条_____。

A．命令　　　　　　B．指令　　　　　　C．程序　　　　　　D．语句

49．在冯·诺依曼型体系结构的计算机中引进了两个重要概念，一个是二进制，另一个是
_____。

A．内存储器　　　　　　　　　　B．存储程序

C．机器语言　　　　　　　　　　D．ASCII 编码

50．计算机软件分为系统软件和应用软件两大类，其中系统软件的核心是_____。

A．数据库管理系统　　　　　　　B．操作系统

C．程序语言系统　　　　　　　　D．财务管理系统

51．下列不属于计算机网络的主要功能的是_____。

A．专家系统 　　　　　　　　　　　B．数据通信

C．分布式信息处理 　　　　　　　　D．资源共享

52．在下列存储器中，访问周期最短的是_____。

A．硬盘存储器 　　　　　　　　　　B．外存储器

C．内存储器 　　　　　　　　　　　D．软盘存储器

53．在 Internet 中完成从域名到 IP 地址或从 IP 地址到域名转换服务的是_____。

A．DNS 　　　　B．FTP 　　　　　　　C．WWW 　　　　D．ADSL

54．汉字的国标码与其内码之间的关系是汉字的内码=汉字的国标码+_____。

A．1010H 　　　B．8081H 　　　　　　C．8080H 　　　　D．8180H

55．计算机病毒是指能够侵入计算机系统并在计算机系统中潜伏、破坏系统正常工作的一种具有繁殖能力的_____。

A．特殊程序 　　　B．源程序 　　　　　C．特殊微生物 　　　D．流行性感冒病毒

计算机基础知识自测习题答案

1．B 　2．B 　3．A 　4．A 　5．C 　6．D 　7．C 　8．C 　9．C 　10．D

11．B 　12．A 　13．A 　14．C 　15．C 　16．D 　17．C 　18．D 　19．A 　20．B

21．B 　22．C 　23．A 　24．A 　25．C 　26．B 　27．D 　28．B 　29．C 　30．B

31．B 　32．A 　33．C 　34．A 　35．C 　36．C 　37．C 　38．A 　39．B 　40．A

41．B 　42．A 　43．B 　44．A 　45．D 　46．C 　47．B 　48．B 　49．B 　50．B

51．A 　52．C 　53．A 　54．C 　55．A

Office 高级应用自测习题

【单选题】

1．Word 文档中包含文档目录，将文档目录转变为纯文本格式的最优操作方法是_____。

A．文档目录本身就是纯文本格式，不需要再进行下一步操作

B．使用组合键 Ctrl+Shift+F9

C．在文档目录上单击鼠标右键，然后选择"转换"命令

D．复制文档目录，然后通过选择性粘贴功能以纯文本方式显示

2．在 Excel 某列单元格中，快速填充 2011—2013 年每月最后一天日期的最优操作方法是_____。

A．在第一个单元格中输入"2011-1-31"，然后使用 MONTH 函数填充其余 35 个单元格

B．在第一个单元格中输入"2011-1-31"，拖动填充句柄，然后使用智能标记自动填充其余 35 个单元格

C．在第一个单元格中输入"2011-1-31"，然后使用格式刷直接填充其余 35 个单元格

D．在第一个单元格中输入"2011-1-31"，然后选择"开始"选项卡中的"填充"命令

3．如果 Excel 中单元格的值大于 0，则在本单元格中显示"已完成"；如果单元格的值小于 0，则在本单元格中显示"还未开始"；如果单元格的值等于 0，则在本单元格中显示"正在进行中"，最优的操作方法是_____。

A．使用 IF 函数　　　　　　B．通过自定义单元格格式设置数据的显示

C．使用条件格式命令　　　　D．使用自定义函数

4．小李利用 PowerPoint 制作产品宣传方案，并希望在演示时能够满足不同对象的需要，处理该演示文稿的最优操作方法是_____。

A．制作一份包含所有人群的全部内容的演示文稿，每次放映时按需要进行删减

B．制作一份包含所有人群的全部内容的演示文稿，放映前隐藏不需要的幻灯片

C．制作一份包含所有人群的全部内容的演示文稿，然后利用自定义幻灯片放映功能创建不同的演示方案

D．针对不同的人群，分别制作不同的演示文稿

5．如果需要在一个演示文稿的每张幻灯片左下角相同位置插入学校的校徽图片，那么最优的操作方法是_____。

A．打开幻灯片母版视图，将校徽图片插入母版中

B．打开幻灯片普通视图，将校徽图片插入幻灯片中

C．打开幻灯片放映视图，将校徽图片插入幻灯片中

D．打开幻灯片浏览视图，将校徽图片插入幻灯片中

6．在 Word 文档中，不可直接操作的是_____。

A．录制屏幕操作视频　　　　　　　　B．插入 Excel 图表

C．插入 SmartArt　　　　　　　　　D．屏幕截图

7．在下列各项中，错误的 Excel 公式形式是_____。

A．=SUM(B3:E3)*$F$3　　　　　　　B．=SUM(B3:3E)*F3

C．=SUM(B3:$E3)*F3　　　　　　　　D．=SUM(B3:E3)*F$3

8．下列对 Excel 高级筛选功能的叙述，正确的是_____。

A．高级筛选通常需要在工作表中设置条件区域

B．利用"数据"选项卡中"排序和筛选"选项组的"筛选"命令可以进行高级筛选

C．在做高级筛选之前必须对数据进行排序

D．高级筛选就是自定义筛选

9．可以在 PowerPoint 内置主题中设置的内容是_____。

A．字体、颜色和表格　　　　　　　　B．效果、背景和图片

C．字体、颜色和效果　　　　　　　　D．效果、图片和表格

10．在 PowerPoint 演示文稿中，不可以使用的对象是_____。

A．图片　　　　B．超链接　　　　C．视频　　　　D．书签

11．小张的毕业论文设置为 2 栏页面布局，现需要在分栏之上插入一个横跨两栏内容的论文标题，最优的操作方法是_____。

A．在两栏内容之前空出几行，打印出来后手动写上标题

B．在两栏内容之上插入一个分节符，然后设置论文标题位置

C．在两栏内容之上插入一个文本框，输入标题，并设置文本框的环绕方式

D．在两栏内容之上插入一个艺术字标题

12．初二年级各班的成绩单分别保存在独立的 Excel 工作簿文件中，李老师需要将这些成绩单合并在一个工作簿文件中进行管理，最优的操作方法是_____。

A．将各班成绩单中的数据分别通过"复制"和"粘贴"命令整合在一个工作簿中

B．通过移动或复制工作表，将各班的成绩单整合在一个工作簿中

C．打开一个班的成绩单，将其他班级的数据录入同一个工作簿的不同工作表中

D．通过插入对象功能，将各班的成绩单整合在一个工作簿中

13．某公司需要统计各类商品的全年销量冠军。在 Excel 中，最优的操作方法是_____。

A．在销量表中直接找到每类商品的销量冠军，并用特殊的颜色标记

B．分别对每类商品的销量进行排序，将销量冠军用特殊的颜色标记

C．通过自动筛选功能，分别找出每类商品的销量冠军，并用特殊的颜色标记

D．通过设置条件格式，分别标出每类商品的销量冠军

14．小姚负责新员工的入职培训，在培训演示文稿中需要制作公司的组织结构图。在 PowerPoint 中最优的操作方法是_____。

A．先在幻灯片中分级输入组织结构图的文字内容，然后将文字转换为 SmartArt 组织结构图

B．直接在幻灯片的适当位置通过绘图工具绘制组织结构图

C．通过插入图片或对象的方式，插入在其他程序中制作好的组织结构图

D．通过插入 SmartArt 图形制作组织结构图

15．李老师在用 PowerPoint 制作课件时，希望将学校的徽标图片放在除标题页外的所有幻灯片右下角，并为其指定一个动画效果，最优的操作方法是_____。

A．先在一张幻灯片上插入徽标图片，并设置动画，然后将该徽标图片复制到其他幻灯片上

B．分别在每张幻灯片上插入徽标图片，并分别设置动画

C．先制作一张幻灯片并插入徽标图片，为其设置动画，然后多次复制该张幻灯片

D．在幻灯片母版中插入徽标图片，并为其设置动画

16．在 Word 中，邮件合并功能支持的数据源不包括_____。

A．Word 数据源　　　　　　　　　　B．Excel 工作表

C．PowerPoint 演示文稿　　　　　　D．HTML 文件

17．在 Excel 中，要显示公式与单元格之间的关系，可通过_____方式实现。

A．"公式"选项卡中"函数库"选项组的有关功能

B．"公式"选项卡中"公式审核"选项组的有关功能

C．"审阅"选项卡中"校对"选项组的有关功能

D．"审阅"选项卡中"更改"选项组的有关功能

18．在 Excel 中，设定与使用"主题"的功能是指_____。

A．标题　　　　　　　　　　　　　　B．一段标题文字

C．一个表格　　　　　　　　　　　　D．一组格式集合

19．在 PowerPoint 中，幻灯片浏览视图主要用于_____。

A．对所有幻灯片进行整理编排或次序调整

B．对幻灯片的内容进行编辑修改及格式调整

C．对幻灯片的内容进行动画设计

D．观看幻灯片的播放效果

20．在 PowerPoint 中，旋转图片最快捷的方法是_____。

A．拖动图片 4 个角的任意控制点　　B．设置图片格式

C．拖动图片上方的绿色控制点　　　　D．设置图片效果

21．Word 文档的结构层次为"章-节-小节"，如章"1"为一级标题、节"1．1"为二级标题、小节"1．1．1"为三级标题，采用多级列表的方式已经完成了对第 1 章中章、节、小节的设置，如需完成剩余几章内容的多级列表设置，最优的操作方法是_____。

A．复制第 1 章中的"章、节、小节"段落，分别粘贴到其他章节对应位置，然后替换标题内容

B．将第 1 章中的"章、节、小节"格式保存为标题样式，并将其应用到其他章节对应段落

C．利用格式刷功能，分别复制第 1 章中的"章、节、小节"格式，并应用到其他章节对应段落

D．逐个对其他章节对应的"章、节、小节"标题应用"多级列表"格式，并调整段落结构层次

22．Excel 的"成绩单"工作表包含了 20 名学生的成绩，C 列为成绩值，第 1 行为标题行，在不改变行列顺序的情况下，在 D 列中统计成绩排名，最优的操作方法是_____。

A．在 D2 单元格中输入"=RANK(C2,$C2:$C21)"，然后向下拖动该单元格的填充句柄到

D21 单元格

    B．在 D2 单元格中输入"=RANK(C2,C\$2:C\$21)"，然后向下拖动该单元格的填充句柄到 D21 单元格

    C．在 D2 单元格中输入"=RANK(C2,\$C2:\$C21)"，然后双击该单元格的填充句柄

    D．在 D2 单元格中输入"=RANK（C2，C\$2:C\$21)"，然后双击该单元格的填充句柄

23．在 Excel 工作表 A1 单元格中存放了 18 位二代身份证号码，在 A2 单元格中利用公式计算该人的年龄，最优的操作方法是_____。

    A．=YEAR(TODAY())−MID(A1,6,8)   B．=YEAR(TODAY())−MID(A1,6,4)

    C．=YEAR(TODAY())−MID(A1,7,8)   D．=YEAR(TODAY())−MID(A1,7,4)

24．PowerPoint 演示文稿包含 20 张幻灯片，如果需要放映奇数页幻灯片，那么最优的操作方法是_____。

    A．将演示文稿的偶数页幻灯片删除后再放映

    B．将演示文稿的偶数页幻灯片设置为隐藏后再放映

    C．将演示文稿的所有奇数页幻灯片添加到自定义放映方案中，然后再放映

    D．设置演示文稿的偶数页幻灯片的换片持续时间为 0.01 秒，自动换片时间为 0，然后放映

25．将一个 PowerPoint 演示文稿保存为放映文件，最优的操作方法是_____。

    A．在"文件"后台视图中选择"保存并发送"命令，将演示文稿打包成可自动放映的 CD

    B．将演示文稿另存为.ppsx 文件格式

    C．将演示文稿另存为.potx 文件格式

    D．将演示文稿另存为.pptx 文件格式

26．在 Word 文档中，学生"张小民"的名字被多次错误地输入为"张晓明""张晓敏""张晓民""张晓名"，纠正该错误的最优操作方法是_____。

    A．从前往后逐个查找错误的名字，并更正

    B．利用 Word 的"查找"功能搜索文本"张晓"，并逐一更正

    C．利用 Word 的"查找和替换"功能搜索文本"张晓*"，并将其全部替换为"张小民"

    D．利用 Word 的"查找和替换"功能搜索文本"张晓?"，并将其全部替换为"张小民"

27．在 Excel 工作表多个不相邻的单元格中输入相同的数据，最优的操作方法是_____。

    A．在其中一个位置输入数据，然后逐次将其复制到其他单元格

    B．在输入区域最左上方的单元格中输入数据，双击填充句柄，将其填充到其他单元格

    C．在其中一个位置输入数据，将其复制后，利用 Ctrl 键选择其他全部输入区域，再粘贴内容

    D．同时选中所有不相邻单元格，在活动单元格中输入数据，然后按组合键 Ctrl+Enter

28．Excel 工作表的 B 列保存了 11 位手机号码信息，为了保护个人隐私，需要将手机号码的后 4 位均用"*"表示，以 B2 单元格为例，最优的操作方法是_____。

    A．=REPLACE(B2,7,4,"****")

    B．=REPLACE(B2,8,4,"****")

    C．=MID(B2,7,4,"****")

    D．=MID(B2,8,4,"****")

29. 若需要在 PowerPoint 演示文稿的每张幻灯片中添加包含单位名称的水印效果，最优的操作方法是_____。

A. 制作一个带单位名称的水印背景图片，然后将其设置为幻灯片背景

B. 添加包含单位名称的文本框，并置于每张幻灯片的底层

C. 在幻灯片母版的特定位置放置包含单位名称的文本框

D. 利用 PowerPoint 插入"水印"功能实现

30. 小刘手头上有一份 Word 文档，为了使页面排版更加美观和紧凑，需要将当前页面上半部分设置为一栏，下半部分设置为两栏显示，小刘打算使用 Word 中的分隔符进行排版，最优的操作方式是_____。

A. 将光标置于需要分栏的位置，使用"布局"选项卡中的"分隔符/分页符"命令，对文档的下半部分设置"分栏/两栏"

B. 将光标置于需要分栏的位置，使用"布局"选项卡中的"分隔符/分栏符"命令，对文档的下半部分设置"分栏/两栏"

C. 将光标置于需要分栏的位置，使用"布局"选项卡中的"分隔符/（分节符）下一页"命令，对文档的下半部分设置"分栏/两栏"

D. 将光标置于需要分栏的位置，使用"布局"选项卡中的"分隔符/（分节符）连续"命令，对文档的下半部分设置"分栏/两栏"

31. 现有一个学生成绩工作表，工作表中有 4 列数据，分别为学号、姓名、班级、成绩，其中"班级"列中有 3 种取值，分别为一班、二班和三班，如果需要在工作表中筛选出三班学生的信息，最优的操作方法是_____。

A. 单击数据表外的任意一个单元格，选择"数据"选项卡中"排序和筛选"选项组的"筛选"命令，单击"班级"列的下拉按钮，在下拉列表中选择筛选项

B. 单击数据表中的任意一个单元格，选择"数据"选项卡中"排序和筛选"选项组的"筛选"命令，单击"班级"列的下拉按钮，在下拉列表中选择筛选项

C. 选择"开始"选项卡中"编辑"选项组的"查找和选择"命令，在"查找"对话框的"查找内容"文本框中输入"三班"，然后单击"关闭"按钮

D. 选择"开始"选项卡中"编辑"选项组的"查找和选择"命令，在"查找"对话框的"查找内容"文本框中输入"三班"，然后单击"查找下一个"按钮

32. 在 Excel 工作表中快速选中单元格 B370，最优的操作方法是_____。

A. 拖动滚动条

B. 选择"开始"→"查找和选择"命令，在"查找"对话框的"查找内容"文本框中输入"BE370"，单击"查找下一个"按钮

C. 先使用 Ctrl+向右箭头键移到 B 列，再使用 Ctrl+下箭头键移动到 370 行

D. 在名称框中输入"BE370"，输入完成后按 Enter 键

33. 小李使用 PowerPoint2010 创建了一份关于公司新业务推广的演示文稿，发现第 3 张幻灯片的内容太多，需要将该张幻灯片分成 2 张显示，最优的操作方法是_____。

A. 选中第 3 张幻灯片，使用"复制"和"粘贴"命令，生成一张新的幻灯片，然后将原来幻灯片的后一部分内容删除，将新幻灯片的前一部分内容删除

B. 选中第 3 张幻灯片，单击"开始"选项卡中"幻灯片"选项组的"新建幻灯片"按钮，创建一张新的幻灯片，接着将第 3 张幻灯片中的部分内容"复制"→"粘贴"到新幻灯片中

C. 将幻灯片切换到大纲视图下，将光标置于需要分页的段落末尾处，按 Enter 键产生一个空段落，此时再切换回幻灯片设计视图即可分为 2 张幻灯片

D. 将幻灯片切换到大纲视图下，将光标置于需要分页的段落末尾处，按 Enter 键产生一个空段落，再单击"开始"选项卡中"段落"选项组的"降低列表级别"按钮，此时再切换回幻灯片设计视图即可分为 2 张幻灯片

34. 王老师是初三班的物理老师，为了便于教学，他使用 PowerPoint 2010 制作了相关课程的课件，其中文件"1-2 节.pptx"中保存了 1～2 节的内容；文件"3-7 节.pptx"中保存了 3～7 节的内容，现在需要将这 2 个演示文稿合并为 1 个文件，最优的操作方法是_____。

A. 分别打开这 2 个文件，先将"3-7 节.pptx"中的所有幻灯片进行复制，然后在"1-2 节.pptx"中进行粘贴即可

B. 打开文件"1-2 节.pptx"，再单击"文件"选项卡中的"打开"按钮，找到文件"3-7 节.pptx"，单击"打开"按钮，即可将"3-7 节.pptx"中的幻灯片放到"1-2 节.pptx"文件中

C. 打开文件"1-2 节.pptx"，再单击"开始"选项卡中"幻灯片"选项组的"新建幻灯片"下拉按钮，在下拉列表中选择"重用幻灯片"选项，单击"浏览"按钮，找到文件"3-7 节.pptx"，最后单击右侧的执行按钮即可

D. 分别打开两个文件并切换至"大纲视图"，在"大纲视图"下复制"3-7 节.pptx"中的所有内容，然后在"1-2 节.pptx"中进行粘贴即可

35. 某份 Word 文档，当前设置为每页两栏，现在要求在每栏的下面都插入相应的页码，也就是将原来的第 1 页设置为第 1、2 页，第 2 页设置为第 3、4 页，以此类推，最优的操作方法是_____。

A. 在页脚左侧和右侧位置，单击"插入"选项卡中"页眉和页脚"选项组的"页码"按钮，在当前位置插入页码

B. 在页脚左侧位置，单击"插入"选项卡中"文本"选项组的"文档部件"下拉按钮，选择"域"选项，在"域"对话框的"类别"下拉列表中选择"等式和公式"选项，在页脚左侧插入域代码"{={page}*2-1}"，在页脚右侧位置插入域代码"{={page}*2}"，最后使用组合键 Alt+F9 隐藏域代码，显示页码

C. 在页脚左侧位置，单击"插入"选项卡中"文本"选项组的"文档部件"下拉按钮，选择"域"选项，在"域"对话框的"类别"下拉列表中选择"等式和公式"选项，在页脚左侧插入域代码"{={page}*2-1}"，在页脚右侧插入域代码"{={page}*2}"，最后使用组合键 Shift+F9 隐藏域代码，显示页码

D. 在页脚左侧位置，单击"插入"选项卡中"文本"选项组的"文档部件"下拉按钮，选择"域"选项，在"域"对话框的"类别"下拉列表中选择"等式和公式"选项，在页脚左侧插入域代码"{={page}*2-1}"，在页脚右侧插入域代码"{={page}*2}"，最后使用组合键 Ctrl+F9 隐藏域代码，显示页码

36. 小李使用 Excel 2010 制作了一份"产品销量统计表"，并且已经为该表创建了一张柱

形分析图，制作完成后发现该表格缺少一个产品的销售数据，现在需要将缺少的数据添加到分析图中，最优的操作方法是_____。

A. 向工作表中添加销售记录，选中柱形分析图，单击"设计"选项卡中"类型"选项组的"更改图表类型"按钮

B. 直接向工作表中添加销售记录，因为图表和数据产生了关联，所以在图表中会自动产生一个新的数据系列

C. 向工作表中添加销售记录，选中柱形分析图，按 Delete 键将其删除，然后重新插入一个柱形分析图

D. 向工作表中添加销售记录，选中柱形分析图，单击"设计"选项卡中"数据"选项组的"选择数据"按钮，重新选择数据区域

37. 在 Excel 2010 中，仅把 A1 单元格的批注复制到 B1 单元格中，最优的操作方法是_____。

A. 复制 A1 单元格，在 B1 单元格中执行"粘贴"命令

B. 复制 A1 单元格，在 B1 单元格中执行"选择性粘贴"命令

C. 选中 A1 单元格，单击"格式刷"按钮，然后在 B1 单元格上单击

D. 复制 A1 单元格中的批注内容，在 B1 单元格中执行"插入批注"命令，然后将从 A1 单元格中复制的批注内容粘贴过来

38. 假如你是某公司销售部的文员，现在正在制作一份关于公司新产品的推广宣传演示文稿，而宣传场地的计算机并未安装 PowerPoint 软件，为了确保不影响推介会的顺利开展，最优的操作方法是_____。

A. 必须在另外一台计算机上安装好 PowerPoint 软件才能播放文件

B. 需要把演示文稿和 PowerPoint 软件都复制到另一台计算机上

C. 使用 PowerPoint 的"打包"工具并包含全部 PowerPoint 程序

D. 将演示文稿转换成直接放映格式（*.ppsx）文件类型

39. 如果想更改正在编辑的演示文稿中所有幻灯片标题的字体，最优的操作方法是_____。

A. 打开"开始"选项卡，逐一更改字体

B. 全选所有幻灯片再统一更改字体

C. 在幻灯片模板中更改字体

D. 在幻灯片母版中更改字体

40. 在 Word 2010 中打开一个包括 100 页的文档文件，能够快速准确地定位到第 98 页的最优操作方法是_____。

A. 利用 PageUp 键或 PageDown 键及光标上下移动键，定位到第 98 页

B. 拖动垂直滚动条中的滚动块快速移动文档，定位到第 98 页

C. 单击垂直滚动条的上下按钮快速移动文档，定位到第 98 页

D. 单击"开始"选项卡中"编辑"选项组的"查找转到"，在弹出的对话框中输入"98"，定位到 98 页

41. 小王是某公司销售部的文员，使用 Excel 2010 对单位第 1 季度的销售数据进行统计分析，其中"销售额"工作表中的 B2:E309 单元格区域包含所有的销售数据，现在需要在"汇总"

工作表中计算销售总额，最优的操作方法是_____。

A．在"汇总"工作表中输入公式"=销售额!(B2:E309)"，对"销售额"中的数据进行统计

B．在"汇总"工作表中输入公式"=sum(B2E309)"，对"销售额"中的数据进行统计。

C．在"销售额"工作表中，选中 B2:E309 单元格区域，并在名称框中输入"sales"，然后在"汇总"工作表中输入公式"=sales"

D．在"销售额"工作表中，选中 B2:E309 单元格区域，并在名称框中输入"sales"，然后在"汇总"工作表中输入公式"=sum(sales)"

42．张老师使用 Excel 2010 统计班级学生考试成绩，工作表的第 1 行为标题行，第 1 列为考生姓名。由于考生较多，在 Excel 的一个工作表中无法完全显示所有行和列的数据，为了方便查看数据，需要对工作表的首行和首列进行冻结操作，最优的操作方法是_____。

A．选中工作表的 A1 单元格，单击"视图"选项卡中"窗口"选项组的"冻结窗格"下拉按钮，在下拉列表中选择"冻结拆分窗格"选项

B．选中工作表的 B2 单元格，单击"视图"选项卡中"窗口"选项组的"冻结窗格"下拉按钮，在下拉列表中选择"冻结拆分窗格"选项

C．首先选中工作表的 A 列，单击"视图"选项卡中"窗口"选项组的"冻结窗格"下拉按钮，在下拉列表中选择"冻结首列"选项，再选中工作表的第 1 行，单击"视图"选项卡中"窗口"选项组的"冻结窗格"下拉按钮，在下拉列表中选择"冻结首行"选项

D．首先选中工作表的第 1 行，单击"视图"选项卡中"窗口"选项组的"冻结窗格"下拉按钮，在下拉列表中选择"冻结首行"，再选中工作表的 A 列，单击"视图"选项卡中"窗口"选项组的"冻结窗格"下拉按钮，在下拉列表中选择"冻结首列"选项

43．假设一个演示文稿有 100 张幻灯片，根据实际情况，第 51～55 张幻灯片不需要播放，最优的操作方法是_____。

A．选中第 51～55 张幻灯片，单击鼠标右键，选择"隐藏幻灯片"命令

B．选中第 51～55 张幻灯片，单击鼠标右键，选择"删除幻灯片"命令

C．单击"幻灯片放映"选项卡中"设置"选项组的"设置幻灯片放映"按钮，设置放映第 1～49 张幻灯片，放映完成后，再设置放映第 56～100 张幻灯片

D．单击"幻灯片放映"选项卡中"开始放映幻灯片"选项组的"自定义幻灯片放映"按钮，在"自定义幻灯片放映"对话框中单击"新建"按钮，依次添加第 1～49 张幻灯片和第 56～100 张幻灯片，使用自定义方案进行播放

44．小周完成了某幻灯片作品的制作，作品内容编排得非常不错，可是制作时使用的颜色过于杂乱，使用的字体、字号也很多，给人一种非常凌乱的视觉感受，老师看到此情形后，给予了小周一定的指导和帮助，最优的操作方法是_____。

A．使用统一字体，字体颜色尽量少

B．每张幻灯片采用预先制作的同一张图片作为背景

C．制作幻灯片模板并应用

D．推翻原方案，重新进行设计

Office 高级应用自测习题答案

1. B   2. A   3. A   4. C   5. A   6. A   7. B   8. A   9. C   10. D
11. C   12. B   13. D   14. A   15. D   16. C   17. B   18. D   19. A   20. C
21. B   22. D   23. D   24. C   25. B   26. D   27. D   28. B   29. A   30. D
31. B   32. D   33. D   34. C   35. C   36. D   37. B   38. D   39. D   40. D
41. D   42. B   43. D   44. A

Access 数据库基础自测习题

【单选题】

1．Access 是一个_____。

A．数据库文件系统　　B．数据库应用系统　　C．数据库系统　　D．数据库管理系统

2．在数据库系统中，数据的最小访问单位是_____。

A．字节　　　　　　B．表　　　　　　C．字段　　　　　　D．记录

3．下列对表的描述错误的是_____。

A．可以将其他 Access 数据库中的表导入当前数据库中

B．表是 Access 数据库中最基本、最重要的对象之一

C．表的"设计视图"的主要工作是设计表结构

D．表的"数据表视图"只用于输入、显示数据

4．如果字段内容为声音文件，则该字段的数据类型应定义为_____。

A．文本　　　　　　B．超级链接　　　　C．备注　　　　　D．OLE 对象

5．某学生想将图书表中的图书名称定义为主键，由于有重名的图书，但相同书名的作者均不相同，在这种情况下，可定义适当的主键为_____。

A．将图书名称和作者组合定义为多字段主键

B．添加一个内容无重复的字段作为单字段主键

C．不设置主键

D．添加自动编号字段作为主键

6．输入掩码规定数据的输入模式，通过_____可以减少输入格式的错误。

A．限制可输入的字符数据　　　　　　　B．仅接受某种类型的数据输入

C．在输入数据时自动填充某些数据　　　D．上述均可

7．为表中的字段定义验证规则，如果验证规则是_____，则可以避免输入错误或不合理的数据。

A．控制符　　　　B．文本　　　　　　C．条件　　　　　D．运算符

8．下列关于索引的说法，错误的是_____。

A．索引可以提高查询效率，故建立越多越好

B．每个索引可以确定表中记录的一种逻辑顺序

C．一个索引可以由一个或多个字段组成

D．为表中某字段建立索引时，若其值有重复，则可创建"有（有重复）"索引

9．假设某数据库中表 A 与表 B 建立了"一对多"关系，表 A 为"多"的一方，则下列说法正确的是_____。

A．表 B 中的一个字段能与表 A 中的多个字段匹配

B. 表 A 中的一条记录能与表 B 中的多条记录匹配

C. 表 B 中的一条记录能与表 A 中的多条记录匹配

D. 表 A 中的一个字段能与表 B 中的多个字段匹配

10. 某数据库要求主表中没有相关记录时就不能将记录添加到相关子表中，则应该在编辑表关系中设置_____。

A. 实施参照完整性　　　　　　　　　B. 验证规则

C. 输入掩码　　　　　　　　　　　　D. 级联更新相关字段

11. 有关编辑记录，下列说法错误的是_____。

A. 添加、修改记录时，光标离开当前记录后就会自动保存

B. 新记录总是添加在表的尾部

C. 自动编号不允许输入数据

D. 删除记录后，可以恢复

12. 通配符"#"的含义是_____。

A. 通配任意个数的字符　　　　　　　B. 通配任何单个字符

C. 通配任意个数的数字字符　　　　　D. 通配任何单个数字字符

13. 下列选项不属于 Access 数据类型的是_____。

A. 数字　　　　B. 文本　　　　C. 报表　　　　D. 时间/日期

14. 在 Access 的数据表中删除一条记录，被删除的记录_____。

A. 可以恢复到原来位置　　　　　　　B. 被恢复为最后一条记录

C. 被恢复为第一条记录　　　　　　　D. 不能恢复

15. 在 Access 中，参照完整性规则不包括_____。

A. 更新规则　　　B. 查询规则　　　C. 删除规则　　　D. 插入规则

16. 在建立查询时，若要筛选出图书编号是"T01"或"T02"的记录，则可以在查询设计视图准则行中输入_____。

A. "T01" or "T02"　　　　　　　　　B. "T01" and "T02"

C. in("T01" and "T02")　　　　　　 D. not in("T01" and "T02")

17. 可以改变"字段大小"属性的字段类型是_____。

A. 文本　　　　B. OLE 对象　　　　C. 备注　　　　D. 日期/时间

18. 将两个关系拼接成一个新的关系，生成的新关系中包含满足条件的元祖，这种操作称为_____。

A. 投影　　　　B. 选择　　　　C. 除法　　　　D. 连接

19. 在 Access 中，操纵查询包括_____。

A. 生成表查询、选择查询、删除查询、更新查询

B. 生成表查询、追加查询、删除查询、更新查询

C. 生成表查询、选择查询、交叉查询、更新查询

D. 参数查询、追加查询、删除查询、更新查询

20. 如果将所有学生的年龄增加一岁，应该使用_____。

A. 删除查询　　　B. 更新查询　　　C. 生成表查询　　　D. 追加查询

21. 用户和 Access 应用程序之间的主要接口是_____。

　　A．表　　　　　B．查询　　　　　C．窗体　　　　　D．报表

22. 如果在数据库中已有同名的表，要通过查询覆盖原来的表，那么应该使用的查询类型是_____。

　　A．生成表　　　B．追加　　　　　C．删除　　　　　D．更新

23. 若要查询某字段的值为"JSJ"的记录，在查询设计视图对应字段的准则中，错误的表达式是_____。

　　A．JSJ　　　　B．"JSJ"　　　　C．"*JSJ"　　　　D．Like "JSJ"

24. 若在查询条件中使用了通配符"!"，那么它的含义是_____。

　　A．通配任意长度的字符　　　　　B．通配不在括号内的任意字符

　　C．通配方括号内列出的任意一个字符　　D．错误的使用方法

25. 查询"书名"字段中包含"等级考试"字样的记录，应该使用的条件是_____。

　　A．Like "等级考试"　　　　　　　B．Like "*等级考试"

　　C．Like "等级考试*"　　　　　　　D．Like "*等级考试*"

26. 在 SQL 语言的 SELECT 语句中，用于实现选择运算的语句是_____。

　　A．FOR　　　　B．IF　　　　　C．WHILE　　　D．WHERE

27. 利用对话框提示用户输入查询条件，这样的查询属于_____。

　　A．选择查询　　B．参数查询　　　C．操作查询　　D．SQL 查询

28. 在 SQL 查询中，"GROUP BY"的含义是_____。

　　A．选择行条件　　B．对查询进行排序　　C．选择列字段　　D．对查询进行分组

29. 排序时如果选取了多个字段，则输出结果是_____。

　　A．按设定的优先次序依次进行排序　　　B．按最右边的列开始排序

　　C．按从左向右的优先次序依次排序　　　　D．无法进行排序

30. 查询向导不能创建_____。

　　A．选择查询　　B．交叉表查询　　　C．参数查询　　D．重复项查询

Access 数据库基础自测习题答案

1. D　　2．C　　3．D　　4．D　　5．A　　6．D　　7．C　　8．A　　9．C　　10．A

11. D　　12．D　　13．C　　14．D　　15．B　　16．A　　17．A　　18．D　　19．B　　20．B

21. C　　22．A　　23．C　　24．B　　25．D　　26．D　　27．B　　28．D　　29．C　　30．C

历年真题

真题一

1．一个栈的初始状态为空。现将元素 1、2、3、4、5、A、B、C、D、E 依次入栈，然后依次出栈，则元素出栈的顺序是_____。

A．12345ABCDE　　　B．EDCBA54321　　　C．ABCDE12345　　　D．54321EDCBA

2．下列叙述中正确的是_____。

A．循环队列有队头和队尾两个指针，因此，循环队列是非线性结构

B．在循环队列中，只需要队头指针就能反映队列中元素的动态变化情况

C．在循环队列中，只需要队尾指针就能反映队列中元素的动态变化情况

D．循环队列中元素的个数由队头指针和队尾指针共同决定

3．在长度为 n 的有序线性表中进行二分查找，在最坏情况下需要比较的次数是_____。

A．$O(n)$　　　　B．$O(n^2)$　　　　C．$O(\log_2 n)$　　　　D．$O(n\log_2 n)$

4．下列叙述中正确的是_____。

A．顺序存储结构的存储一定是连续的，链式存储结构的存储空间不一定是连续的

B．顺序存储结构只针对线性结构，链式存储结构只针对非线性结构

C．顺序存储结构能存储有序表，链式存储结构不能存储有序表

D．链式存储结构比顺序存储结构节省存储空间

5．数据流图中带箭头的线段表示的是_____。

A．控制流　　　　B．事件驱动　　　　C．模块调用　　　　D．数据流

6．在软件开发中，需求分析阶段可以使用的工具是_____。

A．N-S 图　　　　B．DFD 图　　　　C．PAD 图　　　　D．程序流程图

7．在面向对象方法中，不属于"对象"基本特点的是_____。

A．一致性　　　　B．分类性　　　　C．多态性　　　　D．标识唯一性

8．一间宿舍可住多个学生，则实体宿舍和学生之间的联系是_____。

A．一对一　　　　B．一对多　　　　C．多对一　　　　D．多对多

9．在数据管理技术发展的 3 个阶段中，数据共享最好的是_____。

A．人工管理阶段　　　　　　　　　　B．文件系统阶段

C．数据库系统阶段　　　　　　　　　D．3 个阶段相同

10. 有 3 个关系 R、S 和 T。

由关系 R 和 S 通过运算得到关系 T，则所使用的运算为_____。

A. 笛卡儿积　　　　B. 交　　　　　　C. 并　　　　　　D. 自然连接

11. 某企业为了建设一个可供客户在互联网上浏览的网站，需要申请一个_____。

A. 密码　　　　　　B. 邮编　　　　　C. 门牌号　　　　D. 域名

12. 为了保证公司网络的安全运行，预防计算机病毒，可以在计算机上采取的方法是_____。

A. 磁盘扫描　　　　　　　　　　　B. 安装浏览器加载项

C. 开启防病毒软件　　　　　　　　D. 修改注册表

13. 1MB 的存储容量相当于_____。

A. 100 万 Byte　　　　　　　　　　B. 2 的 10 次方 Byte

C. 2 的 20 次方 Byte　　　　　　　 D. 1000KB

14. Internet 的四层结构分别是_____。

A. 应用层、传输层、通信子网层和物理层

B. 应用层、表示层、传输层和网络层

C. 物理层、数据链路层、网络层和传输层

D. 网络接口层、网络层、传输层和应用层

15. Word 文档中有一个占用 3 页篇幅的表格，如果需要使这个表格的标题行都出现在各页面首行，最优的操作方法是_____。

A. 将表格的标题行复制到另外 2 页中

B. 利用"重复标题行"功能

C. 打开"表格属性"对话框，在列属性中进行设置

D. 打开"表格属性"对话框，在行属性中进行设置

16. Word 文档中包含文档目录，将文档目录转变为纯文本格式的最优操作方法是_____。

A. 文档目录本身就是纯文本格式，不需要再进行进一步操作

B. 使用组合键 Ctrl+Shift+F9

C. 在文档目录上单击鼠标右键，然后选择"转换"命令

D. 复制文档目录，然后通过选择性粘贴功能以纯文本方式显示

17. 在 Excel 某列单元格中，快速填充 2011—2013 年每月最后一天日期的最优操作方法是_____。

A. 在第一个单元格中输入"2011-1-31"，然后使用 MONTH 函数填充其余 35 个单元格

B. 在第一个单元格中输入"2011-1-31"，拖动填充句柄，然后使用智能标记自动填充其余 35 个单元格

C. 在第一个单元格中输入"2011-1-31"，然后使用格式刷直接填充其余 35 个单元格

D. 在第一个单元格中输入"2011-1-31"，然后单击"开始"选项卡中的"填充"按钮

18．如果 Excel 中单元格的值大于 0，则在本单元格中显示"已完成"；如果单元格的值小于 0，则在本单元格中显示"还未开始"；如果单元格的值等于 0，则在本单元格中显示"正在进行中"，最优的操作方法是_____。

A．使用函数   B．通过自定义单元格格式设置数据的显示方式

C．使用条件格式命令   D．使用自定义函数

19．小李利用 PowerPoint 制作产品宣传方案，并希望在演示时能够满足不同对象的需要，处理该演示文稿的最优操作方法是_____。

A．制作一份包含适合所有人群的全部内容的演示文稿，每次放映时按需要进行删减

B．制作一份包含适合所有人群的全部内容的演示文稿，放映前隐藏不需要的幻灯片

C．制作一份包含适合所有人群的全部内容的演示文稿，然后利用自定义幻灯片放映功能创建不同的演示方案

D．针对不同的人群，分别制作不同的演示文稿

20．如果需要在一个演示文稿的每张幻灯片左下角相同位置插入学校的校徽图片，最优的操作方法是_____。

A．打开幻灯片母版视图，将校徽图片插入母版中

B．打开幻灯片普通视图，将校徽图片插入幻灯片中

C．打开幻灯片放映视图，将校徽图片插入幻灯片中

D．打开幻灯片浏览视图，将校徽图片插入幻灯片中

21．在素材文件夹中打开文档 Word.docx。

某高校学生会计划举办一场"大学生网络创业交流会"的活动。拟邀请部分专家和老师给在校学生进行演讲。因此，学生会外联部需要制作一批邀请函，并分别递送给相关的专家和老师。

请按如下要求完成邀请函的制作。

（1）调整文档版面，要求页面高度为 18 厘米、宽度为 30 厘米，页边距（上、下）为 2 厘米，页边距（左、右）为 3 厘米。

（2）将素材文件夹中的图片"背景图片.jpg"设置为邀请函背景。

（3）根据"Word-邀请函参考样式.docx"文件，调整邀请函中文字的字体、字号和颜色。

（4）调整邀请函中文字段落的对齐方式。

（5）根据页面布局需要，调整邀请函中"大学生网络创业交流会"和"邀请函"两个段落的间距。

（6）在"尊敬的"和"（老师）"文字之间，插入拟邀请的专家和老师姓名，拟邀请的专家和老师的姓名在素材文件夹的"通讯录.xlsx"文件中。每张邀请函中只能包含 1 位专家或老师的姓名，所有的邀请函页面请另外保存在一个名为"Word-邀请函.docx"文件中。

（7）邀请函文档制作完成后，请保存"Word.docx"文件。

22．销售部助理小王需要针对公司上半年产品销售情况进行统计分析，并根据全年销售计划进行评估。请按照如下要求完成该项工作。

（1）在素材文件夹中，打开"Excel 素材.xlsx"文件，将其另存为"Excel.xlsx"（".xlsx"为扩展名），之后所有的操作均基于此文件，否则不得分。

（2）在"销售业绩表"工作表的"个人销售总计"列中，通过公式计算每名销售人员 1 月—

6月的销售总和。

（3）依据"个人销售总计"列的统计数据，在"销售业绩表"工作表的"销售排名"列中通过公式计算销售排行榜，个人销售总计排名第一的，显示"第1名"；个人销售总计排名第二的，显示"第2名"；以此类推。

（4）在"按月统计"工作表中，利用公式计算1月—6月的销售达标率，即销售额大于60 000元的人数所占比例，并填写在"销售达标率"行中。要求以百分比格式显示计算数据，并保留2位小数。

（5）在"按月统计"工作表中，分别通过公式计算各月排名第一、第二和第三的销售业绩，并填写在"销售第一名业绩"、"销售第二名业绩"和"销售第三名业绩"所对应的单元格中。要求使用人民币会计专用数据格式，并保留2位小数。

（6）依据"销售业绩表"中的数据明细，在"按部门统计"工作表中创建一个数据透视表，并将其放置于A1单元格。要求可以统计出各部门的人员数量，以及各部门的销售额占销售总额的比例。数据透视表效果可参考"按部门统计"工作表中的样例。

（7）在"销售评估"工作表中创建一个标题为"销售评估"的图表，借助此图表可以清晰地反映每月"A类产品销售额"和"B类产品销售额"之和，以及与"计划销售额"的对比情况。图表效果可参考"销售评估"工作表中的样例。

23．为了更好地控制教材编写的内容、质量和流程，小李负责起草了图书策划方案（请参考"图书策划方案.docx"文件）。他需要将图书策划方案Word文档中的内容制作为可以向教材编委会进行展示的PowerPoint演示文稿。

请根据图书策划方案（请参考"图书策划方案.docx"文件）中的内容，按照如下要求完成演示文稿的制作。

（1）创建一个新演示文稿，内容需要包含"图书策划方案.docx"文件中所有讲解的要点。

① 演示文稿中的内容编排，需要严格遵循Word文档中的内容顺序，并且仅需要包含Word文档中应用了"标题1"、"标题2"和"标题3"样式的文字内容。

② Word文档中应用了"标题1"样式的文字，需要成为演示文稿中每张幻灯片的标题文字。

③ Word文档中应用了"标题2"样式的文字，需要成为演示文稿中每张幻灯片的第一级文本内容。

④ Word文档中应用了"标题3"样式的文字，需要成为演示文稿中每张幻灯片的第二级文本内容。

（2）将演示文稿中的第1张幻灯片调整为"标题幻灯片"版式。

（3）为演示文稿应用一个美观的主题样式。

（4）在标题为"2012年同类图书销量统计"的幻灯片中，插入一个6行5列的表格，列标题分别为"图书名称"、"出版社"、"作者"、"定价"和"销量"。

（5）在标题为"新版图书创作流程示意"的幻灯片中，将文本框中包含的流程文字利用SmartArt图形展现。

（6）在该演示文稿中创建一个演示方案，该演示方案包含第1、2、4、7张幻灯片，并将该演示方案命名为"放映方案1"。

真题二

1. 下列叙述中正确的是_____。

A. 栈是"先进先出"的线性表

B. 队列是"先进后出"的线性表

C. 循环队列是非线性结构

D. 有序线性表既可以采用顺序存储结构，也可以采用链式存储结构

2. 支持子程序调用的数据结构是_____。

A. 栈　　　　　　　B. 树　　　　　　　C. 队列　　　　　　D. 二叉树

3. 某二叉树有 5 个度为 2 的节点，则该二叉树中的叶子节点数是_____。

A. 10　　　　　　　B. 8　　　　　　　C. 6　　　　　　　D. 4

4. 下列排序方法在最坏情况下比较次数最少的是_____。

A. 冒泡排序　　　　B. 简单选择排序　　C. 直接插入排序　　D. 堆排序

5. 软件按功能不同可以分为应用软件、系统软件和支撑软件（或工具软件）。下列属于应用软件的是_____。

A. 编译程序　　　　B. 操作系统　　　　C. 教务管理系统　　D. 汇编程序

6. 下列叙述中错误的是_____。

A. 软件测试的目的是发现错误并改正错误

B. 对被调试的程序进行"错误定位"是程序调试的必要步骤

C. 程序调试通常也称为 Debug

D. 软件测试应严格执行测试计划，排除测试的随意性

7. 耦合性和内聚性是对模块独立性度量的两个标准，下列叙述中正确的是_____。

A. 提高耦合性、降低内聚性有利于提高模块的独立性

B. 降低耦合性、提高内聚性有利于提高模块的独立性

C. 耦合性是指一个模块内部各个元素之间彼此结合的紧密程度

D. 内聚性是指模块之间互相连接的紧密程度

8. 数据库应用系统中的核心问题是_____。

A. 数据库设计　　　　　　　　　　　B. 数据库系统设计

C. 数据库维护　　　　　　　　　　　D. 数据库管理员培训

9. 由关系 R 通过运算得到关系 S，则所使用的运算为_____。

R		
A	B	C
a	3	2
b	0	1
c	2	1

S	
A	B
a	3
b	0
c	2

A. 选择　　　　　　B. 投影　　　　　　C. 插入　　　　　　D. 连接

10. 将 E-R 图转换为关系模式时，实体和联系都可以表示为_____。

　　A. 属性　　　　　　B. 键　　　　　　　　C. 关系　　　　　　　D. 域

11. 计算机中访问速度最快的存储器是_____。

　　A. CD-ROM　　　B. 硬盘　　　　　　　C. U 盘　　　　　　　D. 内存

12. 计算机能直接识别和执行的语言是_____。

　　A. 机器语言　　　B. 高级语言　　　　　C. 汇编语言　　　　　D. 数据库语言

13. 某企业需要为每位普通员工购置一台计算机，专门用于日常办公，通常选购的机型是_____。

　　A. 超级计算机　　B. 大型计算机　　　　C. 微型计算机（PC）　　D. 小型计算机

14. Java 属于_____。

　　A. 操作系统　　　B. 办公软件　　　　　C. 数据库系统　　　　D. 计算机语言

15. 小张完成了毕业论文，现需要在正文中前添加论文目录以便检索和阅读，最优的操作方法是_____。

　　A. 利用 Word 提供的"手动目录"功能创建目录

　　B. 直接输入作为目录的标题文字和相对应的页码创建目录

　　C. 将文档的各级标题设置为内置标题样式，然后基于内置标题样式自动插入目录

　　D. 不使用内置标题样式，而是直接基于自定义样式创建目录

16. 小王计划邀请 30 家客户参加答谢会，并为客户发送邀请函。快速制作 30 份邀请函的最优操作方法是_____。

　　A. 发动同事帮忙制作邀请函，每个人写几份

　　B. 利用 Word 的邮件合并功能自动生成

　　C. 先制作一份邀请函，然后复印 30 份，在每份上添加客户名称

　　D. 先在 Word 中制作一份邀请函，通过复制、粘贴功能生成 30 份，然后分别添加客户名称

17. 小刘用 Excel 2010 制作了一份员工档案表，但经理的计算机中只安装了 Office 2003，能让经理正常打开员工档案表的最优操作方法是_____。

　　A. 将文档另存为 Excel97-2003 文档格式

　　B. 将文档另存为 PDF 格式

　　C. 建议经理安装 Office 2010

　　D. 小刘自行安装 Office 2003，并重新制作一份员工档案表

18. 在 Excel 工作表中，编码与分类信息以"编码分类"的格式显示在一个数据列内，若将编码与分类分为两列显示，最优的操作方法是_____。

　　A. 重新在两列中分别输入编码列和分类列，将原来的编码与分类列删除

　　B. 将编码与分类列在相邻位置复制一列，将一列中的编码删除，将另一列中的分类删除

　　C. 使用文本函数将编码与分类信息分开

　　D. 在编码与分类列右侧插入一个空列，然后利用 Excel 的分列功能将其分开

19. 在一次校园活动中拍摄了很多数码照片，现需要将这些照片整理到一个 PowerPoint 演示文稿中，快速制作的最优操作方法是_____。

　　A. 创建一个 PowerPoint 相册文件

B．创建一个 PowerPoint 演示文稿，然后批量插入图片

C．创建一个 PowerPoint 演示文稿，然后在每张幻灯片中插入图片

D．在文件夹中选中所有照片，然后单击鼠标右键，选择直接发送到 PowerPoint 演示文稿中

20．江老师使用 Word 编写完成了课程教案，需要根据该教案创建 PowerPoint 课件，最优的操作方法是_____。

A．参考 Word 教案，直接在 PowerPoint 中输入相关内容

B．在 Word 中直接将教案大纲发送到 PowerPoint

C．将 Word 文档中的相关内容复制到幻灯片中

D．通过插入对象方式将 Word 文档中的内容插入幻灯片中

21．在素材文件夹中打开文档 Word.docx，按照要求完成下列操作并以该文件名（Word.docx）保存文档。

某高校为了使学生更好地进行职场定位和职业准备，提高就业能力，该校学工处将于 2013 年 4 月 29 日（星期五）19:30—21:30 在校国际会议中心举办主题为"领慧讲堂——大学生人生规划"就业讲座，特别邀请资深媒体人、著名艺术评论家赵蕈先生担任演讲嘉宾。

请根据上述活动的描述，利用 Word 制作一份宣传海报（宣传海报的参考样式请参考"Word-海报参考样式.docx"文件），具体要求如下。

（1）调整文档版面，要求页面高度为 35 厘米，页面宽度为 27 厘米。页边距（上、下）为 5 厘米，页边距（左、右）为 3 厘米，并将素材文件夹中的图片"Word-海报背景图片.jpg"设置为海报背景。

（2）根据"Word-海报参考样式.docx"文件，调整海报内容文字的字号、字体和颜色。

（3）根据页面布局需要，调整海报内容中"报告题目"、"报告人"、"报告日期"、"报告时间"和"报告地点"信息的段落间距。

（4）在"报告人："位置后面输入报告人姓名（赵蕈）。

（5）在"主办：校学工处"位置后另起一页，并设置第 2 页的页面纸张大小为 A4 篇幅，纸张方向设置为"横向"，页边距为"普通"页边距定义。

（6）在新页面的"日程安排"段落下面，复制本次活动的日程安排表（请参考 Word-活动日程安排.xlsx 文件），要求表格内容引用 Excel 文件中的内容，若 Excel 文件中的内容发生变化，Word 文档中的日程安排信息会随之发生变化。

（7）在新页面的"报名流程"段落下面，利用 SmartArt 制作本次活动的报名流程（学工处报名、确认座席、领取资料、领取门票）。

（8）设置"报告人介绍"段落下面的文字排版布局为参考示例文件中所示的样式。

22．小蒋是一名中学教师，在教务处负责初一年级学生的成绩管理。由于学校地处偏远地区，缺乏必要的教学设施，只有一台配置不太高的计算机可以使用。他在这台计算机中安装了 Microsoft Office，决定使用 Excel 来管理学生成绩，以弥补学校缺少资源数据管理系统的不足。现在，第一学期期末考试刚刚结束，小蒋将初一年级 3 个班的成绩均录入文件名为"学生成绩单.xlsx"的 Excel 工作簿文档中。

请根据下列要求帮助蒋老师对该成绩单进行整理和分析。

（1）对"第一学期期末成绩"工作表中的数据列表进行格式化操作，将"学号"列设为文

本，将所有成绩列设为保留 2 位小数的数值；适当加大行高和列宽，改变字体、字号，设置对齐方式，增加适当的边框和底纹，从而使工作表更加美观。

（2）利用"条件格式"功能进行下列设置：将语文、数学、英语这 3 科中不低于 110 分的成绩所在的单元格以一种颜色填充，其他 4 科中高于 95 分的成绩以另一种颜色标出，所用颜色深浅以不遮挡数据为宜。

（3）利用 SUM 和 AVERAGE 函数计算每个学生的总分及平均成绩。

（4）学号第 3 位和第 4 位代表学生所在的班级，如"120105"代表 12 级 1 班 5 号。请通过函数提取每个学生所在的班级，并按下列对应关系填写在"班级"列中。

"学号"的第 3 位和第 4 位	对应班级
01	1 班
02	2 班

23．文慧是新东方学校的人力资源培训讲师，负责对新入职的教师进行入职培训，其 PowerPoint 演示文稿的制作水平广受好评。最近，她应北京节水展馆的邀请，为展馆制作一份宣传水知识及节水工作重要性的演示文稿。

节水展馆提供的文字资料及素材参见"水资源利用与节水（素材）.docx"，制作要求如下。

（1）标题页包含演示主题、制作单位（北京节水展馆）和日期（××××年××月××日）。

（2）演示文稿必须指定一个主题，幻灯片不少于 5 张，并且版式不少于 3 种。

（3）演示文稿中除文字外要有 2 张或 2 张以上的图片，并且有 2 个或 2 个以上的超链接进行幻灯片之间的跳转。

（4）动画效果丰富，幻灯片切换效果多样。

（5）演示文稿播放的全程需要有背景音乐。

（6）将制作完成的演示文稿以"水资源利用与节水.pptx"为文件名进行保存。

参 考 文 献

[1] 曾焱. Word/Excel/PPT 从入门到精通[M]. 广州：广东人民出版社，2019.

[2] 牛莉，刘卫国. Office 高级应用实用教程[M]. 北京：中国水利水电出版社，2019.

[3] 徐宁生. Word/Excel/PPT 2016 应用大全[M]. 北京：清华大学出版社，2018.

[4] Excel Home. Excel 2016 函数与公式应用大全[M]. 北京：北京大学出版社，2018.

[5] 谢华，冉洪艳. Office 2016 高效办公应用标准教程[M]. 北京：清华大学出版社，2017.

[6] 华文科技. 新编 PPT 制作应用大全（2016 实战精华版）[M]. 北京：机械工业出版社，2017.

[7] 赖利君. Office 办公软件案例教程[M]. 第 4 版. 北京：人民邮电出版社，2015.

[8] 耿勇. Excel 数据处理与分析实战宝典[M]. 第 2 版. 上海：上海科学技术出版社，2019.

[9] 教育部考试中心. 全国计算机等级考试二级教程——MS Office 高级应用（2020 年版）
[M]. 北京：高等教育出版社，2019.

[10] 王昆，颜萌. 大学计算机基础：全国计算机等级考试二级 MS Office 高级应用教程[M].
北京：北京大学出版社，2016.

[11] 杨国清. Access 数据库应用基础[M]. 北京：清华大学出版社，2014.

[12] 杨小丽. Access 2016 从入门到精通[M]. 第 2 版. 北京：中国铁道出版社，2019.

[13] 王秉宏. Access 2016 数据库应用基础教程[M]. 北京：清华大学出版社，2017.

[14] 刘玉红，李园. Access 2016 数据库应用与开发[M]. 北京：清华大学出版社，2017.

[15] 芦扬. Access 2016 数据库应用基础教程[M]. 北京：清华大学出版社，2018.

[16] 李金明，李金荣. Photoshop 专业抠图技法[M]. 第 2 版. 北京：人民邮电出版社，2018.

[17] 曾俊蓉. 中文版 Photoshop CC 平面设计实用教程[M]. 北京：人民邮电出版社，2017.

[18] 刘玉红，侯永岗. Photoshop CC 中文版实战从入门到精通[M]. 北京：清华大学出版
社，2017.

[19] ［美］Andrew Faulkner，Conrad Chavez. Adobe Photoshop CC 2017 经典教程（彩色版）
[M]. 王士喜，译. 北京：人民邮电出版社，2017.

[20] 吴小香，官宇哲. 中文版 Photoshop CC 基础培训教程[M]. 北京：人民邮电出版社，2019.